알카시의 소수값부터 배네커의 책력까지

달콤한 수학사 2

알카시의 소수값부터 배네커의 책력까지

달콤한 수학사 2

ⓒ 마이클 J. 브래들리, 2017

초 판 1쇄 발행일 2007년 8월 24일
개정판 1쇄 발행일 2017년 6월 20일

지은이 마이클 J. 브래들리
옮긴이 황선희 **삽화** 백정현
펴낸이 김지영 **펴낸곳** 지브레인^{Gbrain}
편집 김현주 **감수** 박구연
마케팅 조명구 **제작·관리** 김동영

출판등록 2001년 7월 3일 제2005-000022호
주소 04047 서울시 마포구 어울마당로 5길 25-10 유카리스타아빌딩 3층
        (구. 서교동 400-16 3층)
전화 (02)2648-7224 **팩스** (02)2654-7696
홈페이지 www.gbrainmall.com

ISBN 978-89-5979-468-3 (04410)
        978-89-5979-472-0 SET

- 책값은 뒷표지에 있습니다.
- 잘못된 책은 교환해 드립니다.

알카시의 소수값부터 배네커의 책력까지

달콤한 수학사

마이클 J. 브래들리 지음 | 황선희 옮김

2

지브레인

최근 국제수학연맹(IMU)은 우리나라의 국가 등급을 'II'에서 'IV'로 조정했다. IMU 역사상 이처럼 한꺼번에 두 단계나 상향 조정된 것은 처음 있는 일이라고 한다. IMU의 최상위 국가등급인 V에는 G8국가와 이스라엘, 중국 등 10개국이 포진해 있고, 우리나라를 비롯한 8개국은 그룹 IV에 속해 있다. 이에 근거해 본다면 한 나라의 수학 실력은 그 나라의 국력에 비례한다고 해도 과언이 아니다.

그러나 한편으로는 '진정한 수학 강국이 되려면 어떤 것이 필요한가?'라는 보다 근본적인 질문을 던지게 된다. 이제까지는 비교적 짧은 기간의 프로젝트와 외형적 시스템을 갖추는 방식으로 수학 등급을 올릴 수 있었는지 몰라도 소위 선진국들이 자리잡고 있는 10위권 내에 진입하기 위해서는 현재의 방식만으로는 쉽지 않다고 본다. 왜냐하면 수학 강국이라고 일컬어지는 나라들이 가지고 있는 것은 '수학 문화'이기 때문이다. 즉, 수학적으로 사고하는 것이 일상화되고, 자국이 배출한 수학자들의 업적을 다양하게 조명하고 기리는 등 그들 문화 속에 수학이 녹아들어 있는 것이다. 우리나라가 세계 수학계에서 높은 순위를 차지하고 있다든가, 우리나라의 학생들이 국제수학경시대회에 나가 훌륭한 성적을 내고 있는 것을 자랑하기 이전에 우리가 살펴보아야 하는 것은 우리나라에 '수학 문화'가 있느냐는 것이다. 수학 경시대회에서 좋은 성적을 낸다고 해서 반드시 좋은 학자가 되는 것은 아니기 때문이다.

학자로서 요구되는 창의성은 문화와 무관할 수 없다. 그리고 대학 입학시험에서 평균 수학 점수가 올라간다고 수학이 강해지는 것은 아니다. '수학 문화'라는 인프라가 구축되지 않고서는 수학이 강한 나라가 될 수 없다는 것은 필자만의 생각은 아닐 것이다. 수학이 가지고 있는 학문적 가치와 응용 가능성을 외면하고, 수학을 단순히 입시를 위한 방편이나 특별한 기호를 사용하는 사람들의 전유물로 인식하는 한 진정한 수학 강국이 되기는 어려울 것이다. 식물이 자랄 수 없는 돌로 가득 찬 밭이 아닌 '수학 문화'라는 비옥한 토양이 형성되어 있어야 수학이라는 나무는 지속적으로 꽃을 피우고 열매를 맺을 수 있다.

이 책의 원제목은 《수학의 개척자들》이다. 수학 역사상 인상적인 업적을 남긴 50인을 선정하여 그들의 삶과 업적을 시대별로 정리하여 한 권당 10명씩 소개하고 있다. 중·고등학생들을 염두에 두고 집필했기에 내용이 난삽하지 않고 아주 잘 요약되어 있으며, 또한 각 수학자의 업적을 알기 쉽게 평가하고 설명하고 있다. 또한 각 권 앞머리에 전체

내용을 개관하여 흐름을 쉽게 파악하도록 돕고 있으며, 역사상 위대한 수학적 업적을 성취한 대부분의 수학자를 설명하고 있다. 특히 여성 수학자를 적절하게 배려하고 있다는 점이 특징이다. 일반적으로 여성은 수학적 능력이 남성보다 떨어진다는 편견 때문에 수학은 상대적으로 여성과 거리가 먼 학문으로 인식되어왔다. 따라서 여성 수학자를 강조하여 소개한 것은 자라나는 여학생들에게 수학에 대한 친근감과 도전 정신을 가지게 하리라 생각한다.

어떤 학문의 정체성을 파악하려면 그 학문의 역사와 배경을 철저히 이해하는 일이 필요하다고 본다. 수학도 예외는 아니다. 흔히 수학은 주어진 문제만 잘 풀면 그만이라고 생각하는 사람도 있는데, 이는 수학이라는 학문적 성격을 제대로 이해하지 못한 결과이다. 수학은 인간이 만든 가장 오래된 학문의 하나이고 논리적이고 엄밀한 학문의 대명사이다. 인간은 자연현상이나 사회현상을 수학이라는 언어를 통해 효과적으로 기술하여 직면한 문제를 해결해 왔다. 수학은 어느 순간 갑자기 생겨난 것이 아니고 많은 수학자들의 창의적 작업과 적지 않은 시행착오를 거쳐 오늘날에 이르게 되었다. 이 과정을 아는 사람은 수학에 대한 이해의 폭과 깊이가 현저하게 넓어지고 깊어진다.

수학의 역사를 이해하는 것이 문제 해결에 얼마나 유용한지 알려 주는 이야기가 있다. 국제적인 명성을 떨치고 있는 한 수학자는 연구가 난관에 직면할 때마다 그 연구가 이루어진 역사를 추적하여 새로운 진전이 있기 전후에 이루어진 과정을 살펴 아이디어를 얻는다고 한다.

수학은 언어적인 학문이다. 수학을 잘 안다는 것은, 어휘력이 풍부하면 어떤 상황이나 심적 상태에 대해 정교한 표현이 가능한 것과 마찬가지로 자연 및 사회현상을 효과적으로 드러내는 데 유용하다. 그러한 수학이 왜, 어떻게, 누구에 의해 발전되어왔는지 안다면 수학은 훨씬 더 재미있어질 것이다.

이런 의미에서 이 책이 제대로 읽혀진다면, 독자들에게 수학에 대한 흥미와 지적 안목을 넓혀 주고, 우리나라의 '수학 문화'라는 토양에 한 줌의 비료가 될 수 있을 것이라고 기대한다.

박 창 균

(서경대 철학과 교수, 한국수학사학회 부회장, 대한수리논리학회장)

학생들이 교실에서 수학을 공부하는 모습은 학습 내용 면에서나 교실 환경 면에서 볼 때 예전과 많이 다르지 않다. 그렇다면 교실에서 수업 받고 있는 학생들도 그대로일까? 그렇지 않다. 여러 가지 이유가 있겠지만 학교에서 배우지 않는 수학적 지식의 수준이 상당히 높은 학생들도 있다. 이는 인터넷이나 책 또는 사교육이나 특수 교육을 통해서 얻은 지식일 수도 있다. 학생들은 이렇게 얻은 지식을 어느 정도 이해하고 있을까? 교사도 마찬가지이다. 자신이 가르치고 있는 '수학'을 어느 정도 이해하고 있을까?

교사로서의 경력이 길지는 않지만 해를 거듭할수록 수학을 잘 가르치는 일이 매우 어렵다는 생각이 든다. 수준이 들쑥날쑥한 학생들을 가르쳐야 한다는 것도 이유 중 하나이지만, 무엇보다도 배경지식의 부족함을 느끼는 것이 가장 큰 이유이다. 물론 학생들은 복잡한 예제를 풀어 주고 어려운 문제의 풀이 과정을 설명해 주면, '선생님은 진짜 수학을 잘 해요!'라고 얘기한다. 하지만 그것은 학생이 아닌 교사가 하는 수학이며, 교사는 문제를 잘 풀어 준 것이지 그것에 관련된 수학적 지식을 충분히 이해하고 있다는 것을 의미하는 것은 아니다. 교사든 학생이든 수학적 지식을 잘 이해하기 위한 가장 좋은 방법은 그 지식의 배경이 되는 또 다른 지식을 알고 이해하는 것이다. 그 지식이 바로 수학사가 아닌가 싶다. 수학이 태어난 시대적 상황이나 탄생 과정을 살펴보는 것이야말로 그것이 어떤 의미를 갖고 어떤 필요성을 갖는지 가장 잘 알 수 있는 방법이다.

언젠가 유명한 작가의 전시회를 보기 위해 미술관에 간 적이 있다. 작가뿐만 아니라 전시된 작품들 또한 유명한 것이라고는 하나, 작품에 대한 배경지식이 없다보니 무엇이 그 작품들을 유명하게 만든 것인지는 이해하기 어려웠다. 그런데 그 이후 우연히 다른 미술관에서 같은 작품들을 연대별로 전시해 놓은 것을 볼 기회가 생겼다. 구분된 연대는 작가의 삶에 근거한 것이었고, 작가의 삶에 대한 설명과 작품을 함께 보니 작가가 왜 그런 그림을 그렸는지, 그리고 왜 그 작품이 가치가 높은지 이해할 수 있었다. 물론 미술과 수학은 다르다. 하지만 수학도 하나의 창조물이라는 점에서는 같다. 그리고 화가의 삶을 통해 작품을 더 잘 이해할 수 있듯이, 수학자의 삶은 그 수학자가 남긴 수학 업적을 이해하는 데 도움이 된다.

그동안 교사로서 수학을 더 잘 가르치기 위해, 그리고 수학을 하는 한 사람으로서 수학을 더 잘 이해하기 위해 접했던 교양 수학 책들은 단순히 수학적 지식을 설명한 것이거나 수학자들이 이룬 성과나 그와 관련된 수학적 원리나 개념들을 설명한 것이었다. 처음 번역 의뢰를 받고 이 책이 수학사를 다룬 책이라는 설명을 들었을 때는 지금까지 보던 책과 별반 다르지 않을 것이라는 생각을 했다. 하지만 번역을 하고자 펼친 이 책은 애초 생각과 많이 다른 책이었다. 수학자들의 어린 시절과 성장 과정을 소개함으로써 수학자들의 천재성이나 그들이 이룬 수학적 성과의 배경을 쉽게 알 수 있었다. 또한 그러한 자세한 설명 덕택에 그들의 수학적 업적이 갖는 의미에 대해서도 한 번 더 생각해보게 되었고 더 잘 이해할 수 있었다.

솔직히 이 책의 번역은 그리 쉽지도, 만만하지도 않은 일이었다. 하지만 그동안 다른 책에서는 얻을 수 없었던 많은 수학적 배경지식을 얻을 수 있었기 때문에 번역을 마친 뒤에는 상당히 의미 있고 보람 있는 일이라는 생각이 들었다. 이 책을 접하는 사람들도 수학자들의 삶과 업적을 함께 살펴보면서 그들의 업적을 더 잘 이해하고 수학사의 또 다른 재미를 발견할 수 있는 기회를 가져보길 바란다.

황선희

(용호고등학교 교사)

　　수학에 등장하는 숫자, 방정식, 공식, 등식 등에는 세계적으로 수학이란 학문의 지평을 넓힌 사람들의 이야기가 숨어 있다. 그들 중에는 수학적 재능이 뒤늦게 꽃핀 사람도 있고, 어린 시절부터 신동으로 각광받은 사람도 있다. 또한 가난한 사람이 있었는가 하면 부자인 사람도 있었으며, 엘리트 코스를 밟은 사람도 있고 독학으로 공부한 사람도 있었다. 직업도 교수, 사무직 근로자, 농부, 엔지니어, 천문학자, 간호사, 철학자 등으로 다양했다.

　《달콤한 수학사》는 그 많은 사람들 중 수학의 발전과 진보에 큰 역할을 한 50명을 기록한 5권의 시리즈이다. 이 시리즈는 그저 유명하고 주목할 만한 대표 수학자 50명이 아닌, 수학에 중요한 공헌을 한 수학자 50명의 삶과 업적에 대한 이야기를 담고 있다. 이 책에 실린 수학자들은 많은 도전과 장애물들을 극복한 사람들이다. 그들은 새로운 기법과 혁신적인 아이디어를 떠올리고, 이미 알려진 수학적 정리들을 확장시켜 온 수많은 수학자들을 대표한다.

　　이들은 세계를 숫자와 패턴, 방정식으로 이해하고자 했던 사람들이라고도 할 수 있다. 이들은 수백 년간 수학자들을 괴롭힌 문제들을 해결하기도 했으며, 수학사에 새 장을 열기도 했다. 이들의 저서들은 수백 년간 수학 교육에 영향을 미쳤으며 몇몇은 자신이 속한 인종, 성별, 국적에서 수학적 개념을 처음으로 도입한 사람으로 기록되고 있다. 그들은 후손들이 더욱 진보할 수 있게 기틀을 세운 사람들인 것이다.

수학은 '인간의 노력적 산물'이라고 할 수 있다.

수학의 기초에 해당하는 십진법부터 대수, 미적분학, 컴퓨터의 개발에 이르기까지 수학에서 가장 중요한 개념들은 많은 사람들의 공헌에 의해 점진적으로 이루어져 왔기 때문일 것이다. 그러한 개념들은 다른 시공간, 다른 문명들 속에서 각각 독립적으로 발전해 왔다. 그런데, 동일한 문명 내에서 중요한 발견을 한 학자의 이름이 때로는 그 후에 등장한 수학자의 저술 속에서 개념이 통합되는 바람에 종종 잊혀질 때가 있다. 가끔은 어떤 특정한 정리나 개념을 처음 도입한 사람이 정확히 밝혀지지 않기도 한다. 그렇기 때문에 수학은 전적으로 몇몇 수학자들의 결과물이라고는 할 수 없다.

진정 수학은 '인간의 노력적 산물'이라고 하는 것이 옳은 표현일 것이다. 이 책의 주인공들은 그 수많은 위대한 인간들 중의 일부이다.

《알카시의 파이값에서 배네커의 책력까지》는 《달콤한 수학사》 시리즈의 두 번째 권으로, 1300년과 1800년 사이에 살았던 열 명의 수학자들의 삶을 소개하고 있다. 여기서 다루는 5세기 동안은 중국, 인도, 아랍 국가들에서 수학적, 과학적 혁명이 일어나고 유럽과 서반구 지역에서는 지적인 삶의 부활이 일어난 시기였다. 비록 수학적 혁명은 로마제국의 몰락과 함께 유럽에서 침체되었지만, 남아시아와 중동의 학자들은 그리스의 수학 저서들을 보존하고 천문학이나 물리학과 같은 과학 분야뿐만 아니라 산술, 대수, 기하, 삼각법과 관련된 새로운 기술들을 발전시켜 나아가는 데 기여했다. 14세기 이란의 수학자 알카시의 업적은 이 기간의 수많은 학자들이 이룬 업적의 전형이라 할 수 있다. 그는 근삿값을 구하는 개선된 방법을 개발했으며 건축물의 둥근 지붕, 아치,

1권 《탈레스의 증명부터 피보나치의 수열까지》는 기원전 700년부터 서기 1300년까지의 기간 중 고대 그리스, 인도, 아라비아 및 중세 이탈리아에서 살았던 수학자들을 기록하고 있고, 2권 《알카시의 소수값부터 배네커의 책력까지》는 14세기부터 18세기까지 이란, 프랑스, 영국, 독일, 스위스와 미국에서 활동한 수학자들의 이야기를 담고 있다. 3권 《제르맹의 정리부터 푸앵카레의 카오스 이론까지》는 19세기 유럽 각국에서 활동한 수학자들의 이야기를 다루고 있으며, 4·5권인 《힐베르트의 기하학부터 에르되스의 정수론까지》와 《로빈슨의 제로섬게임부터 플래너리의 알고리즘까지》는 20세기에 활동한 세계 각국의 수학자들을 소개하고 있다.

둥근 천장의 면적과 부피를 구하는 기하학적인 방법을 소개했다.

르네상스가 시작되면서부터 유럽의 학자들은 수학에 다시 관심을 갖기 시작했다. 그들은 고대 그리스 수학의 업적을 복원하고 아시아와 중동 지역에서 도입된 새로운 아이디어를 이용하여 일반화를 꾀했다. 대학, 도서관, 그리고 과학 협회는 유럽에서 더욱 풍부해진 지식들을 보존하고 개선시키는 데에 전념했고, 이들은 점차적으로 왕실과 수도원에서 담당했던 교육적 중심의 역할을 대신하게 되었다.

이러한 과도기의 아마추어 수학자들은 개선된 방법들을 독학으로 깨우쳐가며 자신들의 부족한 수학적 지식을 보완함으로써 수학의 발전에 중대한 기여를 했다. 16세기의 프랑스 변호사였던 비에트는 변수와 계수를 나타내기 위해 각각 자음과 모음을 사용하는 표기법을 도입하여 대수학에 혁명을 일으켰다. 그는 이 표기법을 이용하여 여러 방정식을 푸는 일반적인 방법을 개발할 수 있었고 현대적인 대수 표기법을 발전시켜 나갔다. 17세기 초, 스코틀랜드 귀족이었던 네이피어는 계산 과정을 단순화시킬 수 있는 로그를 창안했다. 또 다른 프랑스 변호사인 페르마는 소수, 가분성, 정수의 거듭제곱의 성질을 연구하여 현대 정수론 분야의 확립에 큰 기여를 했다. 파스칼은 수학에 관한 고등교육을 받은 적이 단 한 번도 없었지만, 계산기를 고안하고 그의 이름을 널리 알린 산술 삼각형을 분석했으며 곡선의 아랫부분의 면적을 구하는 방법을 개발했다. 페르마와 파스칼은 편지를 통해 게임과 관련된 수학적 원리에 대해 논했는데, 이것은 확률론의 기초가 되었다.

17세기 중반쯤부터 유럽에는 국제적인 수학 공동체가 형성되어 여러 나라의 학자들은 같은 문제에 대해 연구하면서 그들의 결과나 어려움을 공유하기 시작했다. 당시 많은 수학자들은 각자 고립된 상태에서 접선의 방정식, 극대와 극소의 위치, 곡선 아랫부분의 면적, 특정한 함수를 포함하는 상황에서의 무게의 중심을 구하는 기술들을 연구하는 중이었다. 영국의 뉴턴과 독일의 라이프니츠는 독립적으로 그들의 여러 아이디어들을 종합하여 수학의 발전과 과학적 연구 방법에 큰 영향을 미친 통일된 미적분학 이론을 발전시켜 나갔다.

18세기의 수학자들은 미적분학의 이론적인 기초를 형식화하고 그것의 기술들을 확장시켜 나갔다. 스위스 수학자 오일러는 대수학, 기하학, 미적분학, 정수론의 발전에 기여하고 그 분야의 기술들을 활용하여 역학, 천문학, 광학에서의 중요한 발견을 이루어낸 수학자들 중 하나였다. 이탈리아의 언어학자 마리아 아녜지는 7개 국어를 읽을 수 있는 능력을 발휘하여 유럽 대륙의 여러 수학자들의 업적을 통합시킴으로써 미적분학을 하나의 일관된 학문으로 발전시켜나가는 데 큰 기여를 한 교과서를 저술했다.

서반구에서 이루어진 과학적 진보는 거의 없었다고 할 수 있으나, 몇몇의 아마추어 과학자들은 끊임없이 지식을 얻고자 노력했다. 고등 교육을 받을 수 있는 시설이나 학자들 간의 정보망도 없었지만, 그들은 읽고 경험하고 유럽인 동료들과 서로 편지를 주고받았다. 그 대표적인 인물은 담배 농장의 농부였던 미국 흑인 배네커로, 그는 독학으로 지식을 얻었으나 콜롬비아 특별구의 경계를 측량하는 일을 도왔고 천문학 자료와 조수 자료를 계산하여 12권의 책력을 제작했다.

1300년에서 1800년 사이 유럽의 수학은, 처음에는 그리스의 학자들이 남긴 모습 그대로 멈춰 있었으나 점차 전문적인 수학자들과 아마추어 수학자들의 참여로 활동적인 학문으로 성장했다. 이 책에 소개된 열 명의 수학자들의 삶에는 지식의 진보를 가져다 준 중요한 수학적 발견을 이루어낸 수많은 학자들이 등장한다. 그들의 업적을 다룬 이야기를 통해 5세기 동안 수학을 발견한 선구자들의 삶과 지성을 엿볼 수 있다.

차례

정확한 소수의 값을 계산한 수학자

지야드 알딘 잠쉬드
마흐무드 알카시

AL-Kashi
(1380~1429)

알카시는 정확한 계산을 위한 효과적인 방법을
개발하고 발전시킨 창조적인 수학자로,
r와 sin(1°) 값의 정확한 추정은
이전의 모든 수학자들이 얻은 결과에 비해 탁월한 것이었다.

정확한 소수의 값을 계산한 수학자

초기 천문학자들이 기술적 진보를 이루고 새로운 천문학 도구를 발명하며 사마르칸트 천문 관측소 건설을 활발히 진행하는 동안, 알카시는 근삿값을 계산하는 혁신적인 수학적 기술을 개발했다. 그는 8억 개 이상의 변으로 이루어진 다각형과 제곱근의 값을 어림하는 효과적인 알고리즘을 이용하여 π의 값을 소수 열여섯째 자리까지 정확하게 계산해냈다. 또한 건축물의 아치, 돔, 둥근 천정의 면적과 부피를 측정하는 다섯 가지 방법을 고안했는데, 그가 사용한 반복적인 알고리즘은 3차방정식의 근을 추정하는 것으로 이를 이용하여 $\sin(1°)$값을 소수 열여덟째 자리까지 정확하게 계산할 수 있었다. 10진법에 기초를 둔 그의 분수 계산 방법은 힌두−아랍 수체계의 발전을 완성하는 데 큰 역할을 했다.

알카시 이름의 마지막 부분인 카시^{Kashi}는 그가 이란의 카산^{Kashan}에서 태어났음을 의미하며 앞부분인 지야드 알딘$^{Ghiyath\ al-Din}$은 '신앙의 도움'이란 의미로, 술탄이 그의 과학적 업적을 칭송하기 위해 내린 칭호였다.

다른 수학자들에 비해 알카시의 삶은 잘 알려져 있지 않지만 그가 아버지에게 쓴 편지 모음과 저서의 서두에 적은 간단한 약력에는 사

소한 일상과 삶이 그대로 나타나 있다. 이 자료들에 의하면, 그는 약 1380년에 태어나 늘 빈곤하게 살았고 언제 어디서 교육을 받았는지는 정확하지 않으나 15세기 초 천문학과 수학 연구에 몰두했음을 알 수 있다. 그가 수학자로서 이룬 첫 번째 성과는 1406년 6월 2일 카산에 서의 월식 관측이다.

천문학과 관련된 초기 저서

1406년~1416년에 알카시는 천문학에 대한 다양한 관점을 다룬 다섯 권의 책을 저술하였고, 이 중 네 권은 연구와 저술을 도와준 부유한 후원자들에게 바쳤다. 그는 신중하게 하나하나의 성과를 기록했으며 가끔은 일을 마친 날짜를 적어 넣기도 했다. 알카시는 책에서 발견한 사실과 이론을 비롯해 이전의 학자들이 사용했던 방법에 대한 지식을 설명하였고 천문학적 도구에 대한 그의 박학함과 천문학적 계산의 노련함을 보여 주었다. 뛰어난 재능이 그대로 나타난 이 저서들을 통해 그는 선구적인 천문학자 중 한 사람으로 명성을 얻게 되었다.

알카시의 첫 번째 천문학 저서는 《*Sullam al-sama' fi hall ishkal waqa'a li'l-muqaddimin fi'l-ab'ad wa'l-ajram*(하늘로 오르는 계단, 이전의 천문학자들이 거리와 크기를 결정할 때 겪었던 어려움의 해결)》이었다. 1407년 3월 1일, 카산에서 탈고한 이 책은 당시의 고위 관료인 카말 알 딘 마흐무드Kamal al-Din Mahmud에게 바쳐졌다. 이 책에는 태양, 달, 행성들이 지구로부터 얼마나 떨어져 있는지, 크기는 대략 어느 정도인지에 대한 정보가 들어 있다. 그는 이런 사실들을 알아내기 위해 초기의 천문학자와는 다른 새로운 방법을 사용해 훨씬 정확한 값을 얻을 수 있었다. 오늘날 우리는 런던, 옥스퍼드, 이스탄불의 도서관에서 아라비아어로 적힌 이 책의 사본들을 찾아볼 수 있다.

두 번째 천문학 책은 1410년부터 1411년까지 2년에 걸쳐 저술한 《*Mukhtasar dar 'ilm-i hay'at*(천문 과학 개론)》으로, 이 책은 훗날 《*Risala dar hay'at*(천문학 전문서)》란 제목으로 재판되었다. 천문학에서 가장 자주 사용되는 이론과 기술들이 소개된 이 책은 1414년까지 파르스[Fars]와 이스파한[Isfahan]을 통치했던 티무르 왕족 술탄 이스칸다르[Sultan Iskandar]에게 바쳐졌다.

가장 중요한 의미를 갖는 저서는 《*Zij-i Khaqani fi takmil Zij-i Ilkhani*(하카니 천문학 표 - 일칸 천문학 표의 완성)》이다. 알카시는 1413년부터 1414년까지 이 책을 저술해 트란속시나[transoxiana](오늘날의 우즈베키스탄)의 왕자인 울루그 베그[Ulugh Beg]에게 바쳤다. 이 책은 13세기경 나스 알딘 알투스[Nasir al-Din al-Tusi]가 만든 천문학 표를 수정한 것으로 달력의 역사, 수학, 구면 천문학, 기하학과 관련된 다양한 내용이 담겨 있다.

서론에는 달이 지구 주위를 어떤 궤도로 돌고 있는지를 결정하는 방법이 자세히 적혀 있는데, 자신이 관측한 세 번의 월식과 2세기의 그리스 천문학자 프톨레마이오스[Claudius Ptolemy]가 그의 저서 《알마게스트[Almagest]》에 자세히 서술해 놓은 것과 비슷한 세 번의 관측 결과에 기초하여 이 방법을 고안해냈다. 그 다음 장에는 인류가 널리 사용한 여섯 개의 달력인 이슬람교도의 태음력인 히즈라^{Hijra}력, 페르시아의 태양력인 야즈데게르드^{Yazdegerd}력, 그리스와 시리아의 태양력인 셀루시드^{Seleucid}력, 오마르 카얌$^{\text{Omar Khayyam}}$에 의해 발전된 이슬람교도의 달력인 말리키^{Maliki}력, 중국의 달력인 위구르^{Uigur}력, 그리고 마지막으로 일칸 제국$^{\text{Il-Khan Empire}}$의 달력이 비교 · 설명되어 있다. 수학을 다룬 장에는 $0°$에서부터 $180°$까지 $1'\left(\dfrac{1}{60}^°\right)$씩 증가할 때마다의 sin 값과 tan값을 나타낸 표가 제시되어 있다.

이 표에는 각각의 값이 네 개의 60진법 숫자로 나타나 있는데, 그 네 개의 숫자 a, b, c, d는 분수의 값 $\dfrac{a}{60}+\dfrac{b}{60^2}+\dfrac{c}{60^3}+\dfrac{d}{60^4}$를 나타낸다.

구면 천문학을 다룬 장에는 우주를 하나의 커다란 구로 보고 태양, 달, 행성, 우주 내의 별의 위치를 정확하게 추정하는 데 사용되는 여러 가지 표가 소개되어 있다. 그중에는 천구의 황도좌표계를 적도좌표계로 바꿀 때 사용하는 표도 있으며, 또 태양의 경도 변화, 달과 행성들의 위도 변화, 예상되는 시차와 식(일식 또는 월식), 그리고 달의 형태 변화 단계를 알려 주는 것도 있다. 지리학적인 내용을 다룬 장에는 516개의 도시, 산, 강, 그리고 바다의 위도와 경도가 제시되어 있으며, 이 책의 마지막 장에는 84개의 가장 밝은 항성들의 위치와 광도를 목록화한 표와 지구의 중심에서부터 각 행성까지의 거리를 열거한 표, 그리고 점성가들에게 정보를 줄 수 있는 표들이 포함되어 있다.

1416년 1월, 알카시는 천문학 도구와 관련된 책을 저술했다. 이 책도 후원자였던 투르크만 왕족 술탄 이스칸다르$^{\text{Sultan Iskandar}}$에게 바쳐졌는데, 이 사람은 앞서 두 번째 책을 헌납받은 왕족의 이름과 같으나 서로 다른 인물이다. 《*Risala dar sharh—i alat—i rasd*(관측 도구에 대한 설명)》이란 제목의 이 책에는 8개의 천문학 도구의 구조가 설명되어 있다.

알카시는 행성과 다른 천체들의 궤도를 나타내는 혼천의와 같은 다양한 천문학적 도구들의 사용법을 설명했다(Library of Congress).

이 중 가장 잘 알려진 것은 혼천의^{渾天儀, armillary sphere}로, 혼천의는 행성들의 궤도와 별들의 위치를 나타내기 위해 움직이는 고리들과 움직이지 않는 고리들을 사용하여 매우 정교하게 우주를 표현한 3차원 모델이다. 또한 육분의^{六分儀, Fakhri sextant}란 거대한 도구의 설명도 포함되어 있는데 이것은 원호의 6분의 1 형태이며 수평선과 별이 이루는 각을 측정하는 도구이다. 이 외에도 주야평분선 고리^{equinoctial ring}와 다양한 혼천의들에 대한 설명이 이 책에 제시되어 있다.

1416년 2월 10일, 알카시는 그의 다섯 번째 책인 《*Nuzha al—hadaiq fi kayfiyya san'a al—musamma bi tabaq al—manatiq*(왕복운동, 천체판^{plate of heavens}이라 불리는 도구 제작 방법)》의 저술을 마쳤다. 이 책에는 그가 고안해낸 천문학 도구인 천체판^{plate of heavens}과 결합판^{plate of conjunctions}에 대한 설명이 있다. 천체판은 행성의 위치를 추정하고 이 정보를 그래프 형태로 바꿔 줌으로써 행성의 경로를 분석해 주는 도구로, 별의 위치나 시각, 경위도 등을 관측할 때 사용하는 또 다른 천문학 도구인 아스트롤라베astrolabe와 비슷하다. 결합판은 비교적 단순한 추정 도구로, 실험이나 관측에 의해 얻어진 관측값으로 아직 관측되지 않은 값을 추정할 때 사용하는 도구이다. 그는 10년 후에 펴낸 《Ilkahat an-Nuzha(왕복운동에 대한 보충)》에서 이 두 도구에 대해 부가적으로 설명했다.

π 값의 측정

1417년~1424년, 울루그 베그Ulugh Beg 왕자는 신학과 과학을 연구하는 대학인 마드라사madrassa와 천문 관측소를 설립하였는데, 특히 사마르칸트에 세워진 천문 관측소는 그 지역의 지성과 과학을 이끄는 중심적인 역할을 담당했다. 알카시는 대학의 교수단으로 일하면서 돌로 만든 100피트짜리 육분의Fakhri sextant와 같은 정밀한 도구들을 이용하여 관측소 설립을 위한 준비 과정을 도왔다.

그는 아버지에게 보낸 편지에서 울루그 베그는 토론을 잘 이끌고 엄밀한 관찰을 하는 인물이며, 60명의 천문학자들을 관리하는 관측소의 관리자로서 그 일을 총괄하고 있는 유능한 과학자라고 소개했다. 왕자가 관측소 설립에 대해 남긴 글에도, 그 또한 알카시를 존경하고 있고 가장 어려운 문제를 해결할 수 있는 지식과 기술을 가진 뛰어난 과학자로 생각하고 있음이 잘 나타나 있다.

알카시가 관측소에서 맡은 첫 번째 연구 프로젝트는 우주의 둘레를 정확하게 구하기 위해 π의 값을 계산하는 일이었다. 그가 1424년 1월에 완성한 책《$Risala\ al-muhitiyya$ (원주)》에는 정확한 값을 얻기 위한 추정의 과정이 자세히 설명되어 있다. 그는 우주가 지구 반지름의 60만 배보다는 작은 반지름을 갖는 구라고 가정하고, 정확한 값을 얻으려면 그 반지름에 대한 원의 둘레의 비율, 즉 $\frac{C}{r}=2\pi$를 소수 열여섯째 자리까지 구해야 한다고 생각했다. 알카시는 그리스의 수학자 아르키메데스가 $3\frac{10}{71}<\pi<3\frac{10}{70}$을 얻기 위해 기원전 3세기에 사용했던 기하학적인 방법, 즉 원에 내접하는 정다각형과 외접하는 정다각형의 변의 수를 6, 12, 24, 48, 96개로 늘려가면서 그 둘레를 계산하는 방법을 약간 수정하여 사용했다.

알카시는 변의 수를 두 배씩 늘려가는 과정을 28단계까지 확장시켰는데, 이 결과로 얻어진 내접 정다각형과 외접 정다각형의 변의 수는 $3 \cdot 2^{28}=805306368$개였다. 그는 각각의 정다각형의 한 변의 길이를 정확하게 계산하기 위해, 아르키메데스가 사용하지 않았던 삼각법과 제곱근을 계산하는 효율적인 알고리즘을 사용했다.

알카시는 $3 \cdot 2^n$개의 변을 갖는 내접다각형의 한 변(a_n)과 그것과 관련된 하나의 현(c_n), 그리고 원의 지름($d=2r$)에 의해 형성된 직각삼각형으로부터, 방정식 $a_n=\sqrt{(2r)^2-c_n^2}$을 얻었다. 또한 공식 $c_n=\sqrt{2(2r+c_{n-1})}$을 발견했는데, 이 공식 덕분에 변의 개수가 절반인 내접다각형의 현 c_{n-1}의 길이를 이용하여 c_n의 길이를 계산해낼 수 있었다. 현과 한 변의 길이가 각각 $c_1=r\sqrt{3}$, $a_1=r$인 정육각형을 시작으로 하여, 두 공식을 적용하면 연속적으로 다음과 같은 값들을

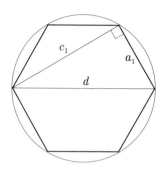

알카시는 원에 내접하는 다각형의 변과 현 사이의 관계를 이용하여 π 의 값을 소수 열여섯째 자리까지 구해냈다.

얻을 수 있다.

$$a_2 = r\sqrt{2+\sqrt{3}} \qquad\qquad a_2 = r\sqrt{2-\sqrt{3}}$$

$$a_3 = r\sqrt{2+\sqrt{2+\sqrt{3}}} \qquad a_3 = r\sqrt{2-\sqrt{2+\sqrt{3}}}$$

$$a_4 = r\sqrt{2+\sqrt{2+\sqrt{2+\sqrt{3}}}} \quad a_4 = r\sqrt{2-\sqrt{2+\sqrt{2+\sqrt{3}}}} \quad \text{등등}$$

알카시는 제곱근을 정확하게 계산하는 효율적인 알고리즘을 알고 있었기 때문에 정확한 28쌍의 값들을 구할 수 있었고, 마지막 값 a_{28} 에 해당하는 정다각형의 변의 개수를 곱하여 $3 \cdot 2^{28}$의 변을 갖는 내접 다각형의 둘레의 길이를 얻었다. 이와 비슷한 방법으로 $3 \cdot 2^{28}$개의 변을 갖는 외접다각형의 둘레의 길이도 구했으며, 이 두 값들의 평균을 이용하여 반지름이 r인 원의 둘레, 즉 $2\pi r$의 어림값을 계산해 냈다.

그는 $2\pi \approx 6:16, 59, 28, 1, 34, 51, 46, 14, 50$이라는 어림값을 얻기까지, 모든 계산을 60진법의 아홉 번째 분수 부분까지 사용하는 표기법으로 해결했다.

다음은 2π의 값을 분수들의 합으로 나타낸 것이다.

$$6 + \frac{16}{60} + \frac{59}{60^2} + \frac{28}{60^3} + \frac{1}{60^4} + \frac{34}{60^5} + \frac{51}{60^6} + \frac{46}{60^7} + \frac{14}{60^8} + \frac{50}{60^9}$$

또한 이 값을 10진법의 형태로 바꾸었는데, 소수 열여섯째 자리까지 계산한 값이 바로 $2\pi = 6.2831853071795865$이다. 두 근삿값 모두 정확한 값으로, 아르키메데스와 프톨레마이오스가 얻은 어림값이 소수 셋째 자리까지 정확했다는 사실과 6세기의 인도 수학자 아리아바타 Aryabhata와 9세기의 아라비아 수학자 무하마드 알콰리즈미 Muhammad al-Khwarizmi가 소수 넷째 자리까지만 정확하게 구해냈다는 사실에 비해 매우 현저한 진전이라 할 수 있다.

2π에 대한 추정과 이를 이용한 $\pi = 3.1415926535897932$에 대한 추정 방법은 1596년 독일의 수학자 루돌프 Ludolph van Ceulen가 π의 값을 소수 이십 번째 자리까지 얻기 위해 $60 \cdot 2^{33}$개의 변을 갖는 다각형을 사용한 방법을 훨씬 능가하는 것이었다.

제곱근 계산, 십진법, 돔 Dome

알카시의 책 중 가장 잘 알려진 것은 다섯 권짜리인 《*Mifah al-hisab*(연산의 해법*The key of arithmetic*)》이다. 1427년 3월 2일에 완성되어 베그에게 바쳐진 이 책은, 대학생들에게는 교재로써, 천문학자, 토지 측량사, 건축가, 상인들에게는 지도서로써 사용되도록 기초 수학을 엮은 것이다. 알카시는 대수, 기하, 삼각법과 관련된 다양한 응용문제를 해결하는 능력은 결국 정확한 계산 능력에 의해 좌우된다고 설명했다. 그와 동시대를 함께 한, 그리고 후대를 살아간 학자들은 그 책의 교육적인 측면과 폭넓은 분야로의 응용 가능성을 높이 평가했다. 이 책과 이 책의 요약본인 《*Talkhis al-Miftah*(해법의 요약^{Compendium of the key})》은 수세기 동안 대학 교재와 실용적인 참고서로 사용되었다.

다섯 권 중 첫 번째 책인 《*On the arithmetic of integers*(정수의 연산)》에는 다음과 같은 공식을 사용하여 어떤 수의 n제곱근을 계산하는 과정이 제시되어 있다.

$$n\sqrt{N} \approx a + \frac{N-a^n}{(a+1)^n - a^n}$$

(단, 이때 a는 $a^n < N$을 만족하는 가장 큰 정수)

이 공식의 분모를 계산할 때 필요한 두 항의 합의 n제곱을 구하기 위해서는 아래와 같은 공식을 사용했다.

$$(a+b)^n = a^n + \binom{n}{1}a^{n-1}b + \binom{n}{2}a^{n-2}b^2 + \binom{n}{3}a^{n-3}b^3 + \cdots + b^n$$

또한 알카시는 파스칼 삼각형의 아홉 번째 열까지를 열거해 놓은 다음, 이를 이용하여 $\binom{n}{1}$, $\binom{n}{2}$, $\binom{n}{3}$ 등의 이항계수를 어떻게 계산할 수 있는지 설명했다. 이항식의 전개와 파스칼의 삼각형은 중국과 인도에서 수세기 동안 사용되어 왔으며 카얌Khayyam이 12세기에 자신의 저서에 적은 n제곱근을 구하는 공식에도 나타난다. 그는 그 계산 방법을 오로지 말로만 설명했는데, 그 이유는 당시까지 기호대수(변수와 지수를 사용하는 대수)가 도입되지 않았기 때문이었다.

두 번째 책인 《On the arithmetic of fractions(분수의 연산)》은 분수의 값을 어떻게 10진법으로 나타내는지, 그리고 계산을 위해 그 형태가 얼마나 유용하게 사용되는지를 제시해 주고 있다. 알카시는 10진법 형태의 소수를 표현하기 위해 두 가지 표기법을 사용했는데, 하나는 수직선을 사용하여 정수 부분과 소수 부분을 구별하는 것이고 다른 하나는 소수 부분의 각 숫자 위에 분모에 사용될 10의 지수를 적는 것이다.

즉, 23.754는 23ㅣ754 또는 $23 + \frac{7}{10^1} + \frac{5}{10^2} + \frac{4}{10^3}$를 의미하는 $23\overset{123}{754}$로 나타낼 수 있다. 참고로, 소수는 중국과 인도의 수학자들에 의해 사용되어 왔으며 아라비아에서는 10세기경부터 사용되기 시작했다. 이 두 번째 책을 통해 그가 기여한 것을 한마디로 요약하면, 10진법 형태의 정수 계산에 사용하는 연산 방법을 10진법 형태의 소수 계산에 그대로 적용시킨 것이다.

세 번째 책 《On the computation of astronomers(천문학자들의 계산)》은 정수와 분수의 양 모두를 다루기 위해 60진법을 어떻게 사용해야 하는지 그 방법을 제시해 준다. 그는 각각의 양을 60으로 나누는 60진법보다는 각각의 양을 10으로 나누는 10진법의 계산이 더욱 효율적이라고 설득력 있게 주장하고 있다. 이 소수를 계산하는 방법은 힌두−

아랍의 수체계를 보다 완벽하게끔 했다. 이후 2세기 동안 알카시의 소수 계산에 대한 아이디어는 터키, 비잔틴 제국, 서유럽까지 영향을 미쳤으며, 실제로 오늘날 60진법이 사용되는 예는 각의 단위인 도, 분(1/60도), 초(1/60분)와 1시간을 60분으로, 그리고 1분을 60초로 하는 시간의 단위뿐이다.

네 번째 책인 《*On the measurement of plane figures and bodies* (평면도형과 입체도형의 측정)》은 오직 직선자와 컴퍼스만을 사용하여 건축물의 아치와 둥근 천정, 둥근 지붕의 면적과 부피를 측정하는 다섯 가지 방법을 설명해 놓았다. 정교한 아라비아식 건축물의 구조는 대부분 회반죽을 바르거나 색을 입히고, 또는 금박으로 장식을 한 평면과 곡면의 조합으로 구성되는데, 알카시는 이 복잡한 3차원 곡면을 원래의 면적과 부피를 구할 수 있는 기본적인 2차원 평면의 형태로 바꾸는 방법을 고안해냈다.

가장 어려운 구조는 무카르나스 muqarnas(종유석 모양의 둥근 천

정)로, 이것은 벽, 기둥, 천정에 매달린 여러 종류의 모양을 통틀어 일컫는 말이다. 그는 이 구조를 네 종류로 구분하고 그것들의 표면적과 부피를 구하는 방법을 자세히 설명했다.

1차와 2차방정식의 형태뿐만 아니라 그 해결 방법도 함께 제시한 마지막 책은 《*On the solution of problems by means of algebra and the rule of two false assumptions*(대수적 도구와 두 개의 가정의 규칙에 의한 문제 해결)》이다. 이 책에는 임의로 두 개의 가정을 하여 문제를 해결하는 일반적인 방법(복가정법이라고도 알려져 있음)이 제시되어 있는데, 이 방법을 사용하면 여러 가지 유형의 문제에 대해 추측은 되나 부정확한 '해답'을 정확한 해답으로 정정하는 것이 가능하다. 그는 $ax^4 + dx + e = bx^3 + cx^2$과 같은 계수가 양수인 4차방정식의 70가지 유형을 살펴보았는데, 각각의 유형에 대해 그 두 도형의 교점이 주어진 방정식의 양의 근 중 하나와 일치하는 두 개의 원이나 포물선, 또는 쌍곡선들을 선택하는 방법을 알아냈다고 주장했다. 사실 그의 제안이 완벽하지는 않았지만, 그의 간단한 설명이 4차대수방정식의 기하학적 해결을 이끌어내는 최초의 시도였다는 점에서 충분히 훌륭한 성과라 할 수 있다.

sin(1°)의 어림값 계산

알카시가 마지막으로 저술한 수학 관련 논문은 'Risala al-watar wa'l-jaib(현과 sine에 관한 논문)'으로, 1429년 6월 22일 사마르칸트에서 세상을 떠날 때까지 완성하지 못했다. 결국 관측소 동료 중 알루미$^{Qadi\ Zade\ al-Rumi}$가 그가 죽은 후에 이 책을 완성했다. 이 책에는 $\sin(1°)$의 값을 $0:1, 2, 49, 43, 11, 14, 44, 16, 20, 17$과 같이 60진법 형태의 소수로 소수 열째 자리까지 계산한 독창적인 방법이 소개되어 있는데, 이를 분수들의 합 꼴로 나타내면 다음과 같다.

$$\frac{1}{60} + \frac{2}{60^2} + \frac{49}{60^3} + \frac{43}{60^4} + \frac{11}{60^5} + \frac{14}{60^6} + \frac{44}{60^7} + \frac{16}{60^8} + \frac{20}{60^9} + \frac{17}{60^{10}}$$

또한 그는 이것을 0.017452406437283571과 같이 소수 열여덟째 자리까지 십진법 형태의 소수로 나타내기도 했다.

알카시는 어떤 각의 세 배의 사인값을 구하는 데 사용되는 삼각법 공식을 이용하여, $x = 60\sin(1°)$가 방정식 $60\sin(3°) = 3x - \dfrac{4x^3}{60^2}$의 해라는 것을 알아냈다. 전통적인 삼각법 공식을 이용하여 $\sin(3°)$의 값을 정확하게 구하고 미지수 x에 관해 방정식을 정리하면 $x = \dfrac{47, 6:8, 29, 53, 37, 3, 45 + x^3}{45, 0}$ 이 된다. $x = 60\sin(1°)$의 값이 1에 가깝다는 것을 알고는, $x = 1$이라 두고 이를 방정식의 우변에 대입하여 근삿값 $x = 1:2 = 1 + \dfrac{2}{60}$ 를 얻었다. 그리고 x에 다시 이 값을 대입함으로써 근삿값 $x = 1:2, 49 = 1 + \dfrac{2}{60} + \dfrac{49}{60^2}$ 를 얻을 수 있었다.

단계가 넘어갈수록 점점 더 어려운 계산이 필요했으나, 그는 이런 과정을 아홉 번 되풀이한 끝에 $x = 60\sin(1°)$에 대한 근삿값을 60진법의 소수로 소수 열째 자리까지 구해냈으며, 결국 $\sin(1°)$의 근삿값을 얻었다.

천문학 계산의 정확도는 삼각함수표의 정확성에 의해 좌우되는데, 특히 삼각함수표에서 가장 중요한 값은 $\sin(1°)$로, 그 이유는 그 값이 더 큰 각과 작은 각 모두의 사인값을 계산하는 데 이용되기 때문이다.

알카시가 세상을 떠난 후, 베그는 이 $\sin(1°)$의 값을 이용하여 $1'\left(\dfrac{1}{60}°\right)$씩 증가하는 각에 대한 sine과 tangent표를 만들었다. 베그는 이 결과들을 정리하여 《Zij-i Sulatani(술탄의 천문학 표)》란 책으로 엮었는데, 이 책은 알카시가 사마르칸트 관측소 학자들의 연구를 바탕으로 저술한 《Zij-i Khaqani(하카니^{Khaqani} 천문학 표)》에 좀 더 설명을 덧붙여 각색한 것이었다.

알카시가 사용한 방법이 정밀하고 정확한 결과를 이끌어 내는 데 편리했기 때문에 수학을 논하는 사람들은 그의 방법을 중세 수학의 가장 위대한 성과 중 하나로 평하고 있다. 실제로 그가 사용한 반복적인 알고리즘은 19세기까지 유럽에 소개된 다른 어떤 방법들보다 훨씬 뛰어난 것이었다.

알카시는 원의 둘레 위의 임의의 두 점을 연결하는 직선, 즉 현의 길이를 구하는 공식도 만들었다. 그 공식에 의하면 반지름이 r인 원에서 중심각이 θ가 되도록 자른 현의 길이는 $r\sqrt{2(1-\cos\theta)}$이며, 이것은 원의 중심을 C, 현의 양 끝점을 각각 A, B라 할 때, $(AB)^2 = r^2 + r^2 - 2 \cdot r \cdot r \cdot \cos\theta$와 같이 나타낼 수 있다. 세 변의 길이가 a, b, c인 임의의 삼각형은 $c^2 = a^2 + b^2 - 2 \cdot a \cdot b \cdot \cos\theta$와 같은 코사인법칙을 만족하는데, 알카시의 공식은 이 코사인법칙의 특별한 경우라 할 수 있다. 사실 기원전 3세기경 그리스의 수학자 유클리드가 그의 저서인 《Elements(원론)》에서 이 공식과 동치인 명제를 증명했지만, 아직까

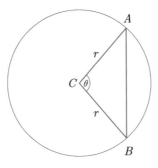

$$(AB)^2 = r^2 + r^2 - 2 \cdot r \cdot r \cdot \cos(\theta)$$

알카시가 개발한 현의 길이를 구하는 공식은 코사인법칙의 특별한 경우이다. 코사인법칙은 프랑스어권 나라들 사이에서는 알카시의 정리로 알려져 있다.

지 프랑스 수학자들은 코사인법칙을 알카시의 정리라고 말한다.

그 외의 저서들

알카시는 앞에서 언급한 세 권의 중요한 수학 저서들과 초기의 다섯 권짜리 천문학 저서 이외에도 천문학과 수학에서의 계산을 다룬 다섯 권의 책을 남겼다. 《*Ta'rib al–zij*(천문학 표의 아랍화 arabization)》는 동시대의 아랍 학자들의 영향으로 역사적인 변화와 진보를 겪은 천문학 표에 대한 내용을 담은 책이며, 《*Wujuh al–`amal al'darb fi'l–takht wa'l–turab*(칠판과 재를 이용한 곱셈)》은 손가락이나 암산, 또는 주판 대신 대중적인 칠판을 이용하여 십진법의 수를 계산하는 방법을 제시한 책이다. 그리고 《*Miftah al—asbab fi `ilm al—zij*(천문학 표에 대한 과학적 근거)》에는 삼각함수표와 행성의 위치를 나타낸 표 사이의 상호의존적인 관계가 설명되어 있으며, 《*Risala dar sakht—i asturlab*(아스트롤라베의 구조)》에는 수평선과 별들 사이의 각을 측정하여 그것들의 위도와 경도를 결정하는 매우 정교한 원반 모양의 장치인 아스트롤라베의 제작 방법이 제시되어 있다.

매일 기도문을 낭독하면서 메카의 종교적 풍습을 따르는 이슬람교도들에게 그의 저서 《*Risala fi ma'rifa samt al—qibla min daira hindiyya ma'rufa*(인디언으로 알려진 원을 이용하여 끼블라qibla(메카의 방향 혹은 예배의 방향)를 결정하는 방법)》는 기도드리는 방향을 결정하기 위해 인도에서 발명된 천문학 도구의 사용법을 알려 주고 있다.

결론

알카시는 정확한 계산을 위한 효과적인 방법을 개발하고 발전시킨 창조적인 수학자로, π와 $\sin(1°)$ 값의 정확한 추정은 이전의 모든 수학자들이 얻은 결과에 비해 탁월한 것이었다. 이 근삿값들 각각에 대해, 그는 특별한 통찰력과 진보적인 수학 기술을 입증하는 새로운 기법들을 소개했다. 또한 10진법 형태의 분수들을 계산하는 우수한 방법을 훌륭하게 논하였으며, 다양한 건축물의 면적과 부피를 측정하는 유용한 방법을 개발했다.

현대 대수학의 아버지

프랑수아 비에트

Francois Viete
(1540~1603)

수학자로서 어떠한 형식적인 지위도 얻은 적이 없었던
비에트는, 일생 동안 수학에 대한 흥미를 가지고
연구에 전념했다.

현대 대수학의 아버지

비에트는 대수방정식의 변수와 계수를 나타내기 위해 각각 모음과 자음을 사용하는 방법을 소개한 프랑스의 수학자이다. 이러한 새로운 방법의 도입과 기호의 사용은, 대수학을 그가 해석학적 기술이라 일컬은 체계적인 학문으로 전환하는 것을 가능하게 했다. 그는 2차, 3차, 4차방정식을 해결하는 독창적인 대수적, 기하학적 방법과 삼각함수를 이용한 방법을 소개했으며, 무수한 연산을 통해 정확한 식을 유도하는 공식을 최초로 만들었다. 또한 스페인의 왕을 위해 만들어진 암호문을 해독하여 국제적으로 악명 높은 인물이 되기도 했다.

법률가, 개인교사, 판사, 암호 해독가

1540년 프랑스 서부의 퐁테네^{Fontenay}에서 태어난 비에트는 그의 라틴어 이름인 프란치스코 비에타^{Franciscus Vieta}와 Fransisci Vietae를 필명으로 하여 출간한 수학 저서들로 유명하다. 1560년 푸아티에 대학에서 법률 학위를 받은 뒤 아버지의 뒤를 이어 변호사가 되었는데, 변호사로 일하는 동안 그의 고객 중에는 스코틀랜드의 여왕이었던 메리 스튜어트와 훗날 프랑스의 왕 헨리 4세가 된 나바르 헨리도 포함되어 있었다.

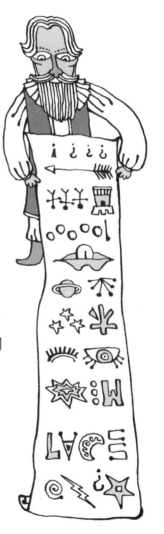

비에트는 1564년 왕실 일가인 장 드 파르트네^{Jean de Parthenay}의 집에서 가정교사로 일하기 시작했다. 그는 파르트네의 딸 캐서린의 개인 교사로서 책임을 다하기 위해 다양한 과학 이야기를 다룬 여러 편의 에세이집을 펴냈다. 1637년에 출간된 《*Principes de cosmographie, tiréd' un manuscrit de Viette, et traduits en françis*(우주 구조론의 원리)》도 그중 하나로, 여기에는 천체와 지리학, 천문학과 관련된 에세이들이 담겨있다. 또한 파르트네 가족들과 함께한 3년 동안, 〈*Mémoires de la vie de Jean de Parthenay Larchevêque*(장 드 파르트네의 삶에 관한 기억들)〉이나 〈*Génélogie de la maison de Parthenay*(파르트네 일가의 계보)〉와 같은 개인적인 원고들도 여러 편 집필했다.

1570년부터 1602년까지, 비에트는 프랑스의 왕이었던 찰스 9세, 헨리 3세, 헨리 4세를 섬기면서 의회의 고문, 보좌관, 왕실의 개인 변호사를 맡았다. 1589년 프랑스 군대가 스페인의 왕 필립 2세를 위해 만든 암호문을 가로챘을 때, 그는 5개월 동안 암호화 방법을 분석하여 그 암호를 완벽하게 해독했다. 암호문은 절대 해독할 수 없다고 믿었던 필립 2세는 비에트가 악령의 힘을 빌린 마법으로 암호를 해독했다고 비난했다.

수학, 과학에 관련된 초기 저서들

수학자로서 어떠한 형식적인 지위도 얻은 적이 없었던 비에트는, 일생 동안 수학에 대한 흥미를 잃지 않은 채 연구를 게을리 하지 않았다. 그가 특히 수학 연구에 열중한 기간은 일생에서 두 번 있었다. 첫 번째는 1564년부터 1567년까지 파르트네의 딸 캐서린의 개인 교사로서 일했던 때이며, 두 번째는 1584년부터 1589년까지 정치적인 반대 세력 때문에 법정을 떠났던 때이다.

수학을 집중적으로 연구했던 10년 동안, 비에트는 수학적 노력의 결과물들을 《*Ad harmonicon coeleste*(천체의 조화)》란 제목의 천문학 책으로 펴내는 데에 전념했다. 그는 다섯 권 분량의 원고를 완성했으나 또 다른 연구 과제에 몰두하는 바람에 이 원고들을 책으로 펴내지는 못했다. 그는 지구가 우주의 중심이라고 믿었던 2세기의 이집트 천문학자 프톨레마이오스의 행성 이론과 태양이 우주의 중심이라고 믿었던 16세기의 폴란드 천문학자 코페르니쿠스Nicolaus Copernicus의 행성 이론을 분석한 다음, 코페르니쿠스의 우주관은 기하학적으로 실현 불가능하기 때문에 프톨레마이오스의 우주관이 더 타당하다고 결론지었다.

비에트는 책을 저술하면서, 행성 이론에 대한 분석을 이해하는 데 필요한 수학적·천문학적 배경 지식을 설명한 긴 논문을 쓰기도 했다. 1579년에는 네 권짜리 책인 《Canon mathematicus, seu ad triangula cum appendicibus(수학 요람)》의 첫 두 권을 출간했다.

첫 번째 책에는 세 개의 삼각함수표와 각각의 길이가 직각삼각형의 세 변을 이루는 정수들을 나타낸 표, $0 < m < n < 60$을 만족하는 모든 정수들에 대해 $\frac{m \cdot n}{60}$ 형태의 곱을 계산해 놓은 표, 그리고 이집트 달력의 계산과 관련된 값들을 나타낸 표가 수록되어 있다. 두 번째 책에는 표를 만드는 데 사용한 계산 방법, 삼각법에 의한 관계들을 이용하여 평면삼각형과 구면삼각형을 설명하는 방법, 그리고 삼각법을 이용하여 원에 내접하는 3, 4, 6, 10, 15각형의 한 변의 길이를 구하는 방법이 자세히 서술되어 있다.

그는 자신의 저서들을 통해, 천문학자들이 수세기 동안 사용해 온 60의 거듭제곱을 사용하는 60진법 소수 대신 10의 거듭제곱을 사용하는 10진법 소수를 사용할 것을 강하게 주장했다. 〈Canon mathematicus(수학요람)〉에는 10진법 형태의 분수를 나타내는 서로 다른 네 가지 표기법이 등장하는데, 141,421.35624를 141,421.$_{356,24}$와 같이 소수 부분에는 밑줄을 긋고 정수 부분보다 더 작은 글씨체

를 사용하여 나타내기도 했으며, 또 어떤 경우에는 314,159.26535를 나타내기 위해 $314,159\frac{265,35}{1,000,00}$와 같이 대분수를 사용하거나 **314,159**,26535와 같이 정수 부분을 굵은 글씨로 나타냈다. 그리고 책의 뒷부분에는 99,946.45875를 **99,946** | 45875와 같이 적었는데, 이는 정수 부분은 굵은 글씨로 적고 정수 부분과 소수 부분을 구분하기 위해 수직선을 사용한 것이다.

비에트의 10진법 소수의 사용은 유럽 전 지역에 걸쳐 60진법 소수를 10진법 소수로 바꾸는 결과를 가져왔다. 하지만 수학자들은 그가 제안한 표기법을 쉽게 받아들이지 않았으며, 오히려 1590년대에 이탈리아 수학자 마지니[G. A. Magini]와 독일 수학자 크리스토퍼 클라비우스[Christoph Clavius]가 제안한, 소수점을 사용하여 정수와 소수 부분을 구분하는 표기법을 더 좋아했다. 이 표기법은 오늘날 우리에게도 친숙하다.

해석학적 기술로 도입된 현대 대수학

비에트의 가장 의미 있는 수학적 기여는 수학자들이 총체적으로 '해석학적 기술[Analytic Art]'이라고 일컫는 그의 많은 저서들과 원고를 통해서 이루어졌다는 것이다. 그는 해직 상태였던 1580년대에 그의 생각을 정리하여 이후 10년 동안 원고를 완성했다. 대부분의 원고들은 완성되는 즉시 출간되었으나 어떤 원고의 경우에는 그가 세상을 떠난 후 수년이 지날 때까지도 출간되지 않은 채 남아 있었다.

1591년 《*In artem analyticem isagoge*(해석학 서설)》을 출간했는데,

대수학을 주제로 한 이 훌륭한 책은 그의 학생이었던 캐서린에게 바쳐졌다. 이 책에는 방정식에서 이미 알고 있는 양과 모르는 양을 문자로 나타내는 방법이 소개되어 있다.

모르는 양이나 변하는 양을 나타낼 때에는 A, E, I, O, U, Y와 같은 모음을 사용했고, 그가 상수라 부르는, 이미 알고 있는 양이나 고정된 양을 표현할 때에는 자음의 대문자를 사용했다.

모르는 양을 나타내기 위해 문자나 'cosa(어떤 것^{thing}을 의미)'와 같은 단어를 사용하는 것이 통상적이었던 당시에는, 거듭제곱이나 제곱근을 나타내기 위해 서로 다른 기호들의 조합을 사용했으며 방정식의 계수와 상수를 나타내는 값으로는 양수를 사용했다. 또한 당시의 수학자들은 임의의 형태의 방정식을 해결하는 과정을 일일이 말로 적어 자세히 풀어나갔으며, 여러 가지 특별한 예들의 풀이를 예시로 보여 줌으로써 그 해결 방법의 이해를 도왔다.

이러한 상황에서 소개된 비에트의 기호 표기법은 일반적인 방정식 이론의 구성을 가능하게 만들었다. 즉, 특별한 형태의 방정식에 초점을 맞추는 것이 아니라 방정식 전체에 대해 논의하고 일반적인 형태로 해를 표현하며, 또한 방정식의 근과 계수 사이의 관계를 추상적인 방법으로 표현하는 것이 가능해졌다. 자음과 모음을 사용하는 이 표기법은 수학의 역사에서 가장 중요한 진보적인 사건의 하나로 손꼽히며 현대 대수학의 발전 방향을 제시해 준 의미 있는 성과였다.

⟨In artem analyticem isagoge(해석학 서설)⟩에는 반복적인 곱셈을 나타내는 개선된 표기법도 소개되어 있다. 그는 미지의 값 A의 제

곱과 세제곱을 각각 'A quadratus(제곱squared을 의미)'와 'A cubus(세제곱cubed를 의미)'로 나타내었다. 15세기 이탈리아 수학자 봄벨리Rafael Bombelli가 제곱과 세제곱을 반복적으로 곱해지는 양에 대한 언급 없이 각각 Q와 C, 또는 2와 3처럼 나타낸 것에 비하면, 그의 표기법은 그것들을 구별되는 양으로 나타내지 않았기 때문에 미지의 값 A와 그것의 거듭제곱 사이의 관계를 보여 주는 장점이 있다.

프랑스 수학자 데카르트(René Descartes)가 《Discours de la méthode pour bien conduire sa raison et chercher la vérité dans les sciences(방법서설)》과 수학 부록인 《La géométrie(기하학)》을 발표한 1637년까지, 유럽의 수학자들은 비에트의 거듭제곱 표기법과 자음·모음 체계를 사용했었다.

이 논문에서 데카르트는 비에트의 생각을 기초로 하여 알파벳의 소문자로 이미 알고 있는 양과 모르는 양을 나타내는 현대적인 표기법을 소개했는데, 알고 있는 양은 알파벳의 앞의 문자들을, 그리고 변하는 양에 대해서는 알파벳의 뒤의 문자들을 사용했다. 또한 임의의 양 x의 제곱과 세제곱을 각각 x^2, x^3으로 나타내는, 오늘날 우리에게 친숙한 지수 표기법을 제안하기도 했다.

비에트가 제안한 기호 표기법은 대수학의 의미와 목적을 다시 정의하게 했다. 그는 대수학이 수학적 진리를 찾는 수단임을 강조하기 위해 대수학을 '해석학적 기술$^{Analytic\ Art}$'이라 일컬었으며, 이것은 고대 그리스인들에 의해 행해졌던 해석에 비유한 것이다.

그는 해석의 종류를 세 가지로 구분 지었다. 첫 번째는 그리스인들이 사용했던 'zetetics'인데, 주어진 문제를 방정식으로 바꾸는 과정이나 알고 있는 양과 모르는 양 사이의 관계를 비율로 바꾸는 과정을 말로 설명한 것이다. 두 번째는 정리를 증명하고 설명하는 과정에서 기호를 사용하는 'poristics'이다, 세 번째는 새로운 해석 유형인 'exegetics'로, 미지의 양의 값을 결정하기 위해 방정식이나 비례식에서 기호를 사용하는 것을 말한다.

비에트는 그의 책에서 기호 대수를 다루는 개선된 방법에 대해 자세히 설명했다. 주어진 방정식을 다른 형태로 바꾸어 푸는 규칙을 제시했는데, 이때 다른 형태로 변형시키는 방법으로는 방정식의 한 변에 있는 항을 다른 변으로 옮기는 것, 방정식의 모든 항을 공통인수로 나누는 것, 그리고 방정식을 비례식으로 바꾸는 것 등이 포함된다. 방정식의 모든 항들이 같은 '종수^{genus}(차원)'를 가져야 한다는 동질성^{homogeneity}의 기본 법칙을 만족시키기 위해, 그는 필요에 의해 수정된 거듭제곱을 갖는 인위적인 계수를 도입했다. 비록 이러한 과정은 번거로운 일이었지만, 그것은 비에트가 수와 기하학적인 크기에 대해서도 대수적인 규칙들—그리스인들은 별개의 과정이라고 여겼던 아이디어를 그대로 적용시킬 수 있는 'logistice speciosa(임의의 양을 이용한 계산)' 방법을 창안하게 했다. 유럽의 수학자들은 비에트의 기호 체계를 기호논리 해석과 새로운 대수학이라고 일컬었으며, 이것이 문제를 표현하고 해결하는 데 있어서 매우 강력하고 일반적인 방법을 제공할 것이라고 확신했다.

1953년에 해석학적 기술에 대해 좀 더 자세한 설명이 담긴 《*Zeteticorum libri quinque*(zetetics에 관한 다섯 권의 저서)》가 출간되었다. 이 책은 평균, 삼각형, 사각형 등과 관련된 다양한 문제들에 대해 비례 관계를 만들고 이를 해결하는 대수적인 방법을 제시하고 있다. 또한 이 책에는 두 양들의 합, 비율, 혹은 제곱들의 합에 대한 정보를 이용하여 두 양의 값을 구하는 전형적인 문제를 해결하는 대수적인 방법도 설명되어 있다.

비에트는 이 책에서 제곱근과 세제곱근을 나타내기 위해 각각 라틴어 'latus(변^{side}을 의미)'와 'latus cubus(정육면체의 모서리$^{\text{side of cube}}$를 의미)'의 맨 앞 글자를 딴 L과 LC를 사용했는데, 이 표기법에 의하면 $L64 = \sqrt{64} = 8$은 넓이가 64인 정사각형의 한 변의 길이를 의미하며 $LC64 = \sqrt[3]{64} = 4$는 부피가 64인 정육면체의 한 모서리의 길이를 의미한다. 그가 제시한 종수^{genus}나 동질성의 개념과 더불어, 기하학에 강한 영향을 끼친 이 표기법은 술어학과 기호학, 그리고 그의 대수적 방법에 진전을 가져다 주었다.

다양한 풀이 방법을 제공한 방정식 이론

엄밀한 표기법과 주어진 상황을 대수적으로 표현하는 방법은 방정식에 대한 좀 더 체계적인 접근을 가능하게 했다. 비에트는 대수적으로 다양한 형태의 방정식을 몇 개의 특정한 일반적인 형태로 바꾼 다음 대수적, 기하학적인 방법과 삼각법을 이용하여 방정식에 대한 일반적인 이론을 구성했다. 이에 대한 자세한 설명은 1593년에 발표한 논문 〈*Supplementum geometriae*(보補 기하학)〉과 그가 죽은 후인 1615년에 출간된 두 권짜리 논문 〈*Francisci Vietae fontenaensis de aequationum recognitione et emendatione tractotus duo*(퐁테네의 비에트: 방정식에 대한 인식과 교정에 대한 두 권의 논문)〉에 잘 나타나 있으며, 여기에는 2차, 3차, 4차방정식의 풀이법도 자세히 설명되어 있다.

비에트는 2차방정식을 풀기 위해 근과 계수 사이의 다양한 관계들을 조사했다. 현대적인 표기법을 사용하여 $x^2-bx+c=0$과 같은 일반적인 형태로 나타낼 수 있는 2차방정식에 대해서도 이러한 관계를 설명하고 있는데, 만약 어떤 주어진 방정식이 이 형태로 변환이 가능하다면 합이 b이고 곱이 c인 두 수를 찾음으로써 이 방정식은 해결 가능하다고 설명했다. 그리고 만약 주어진 방정식이 $x^2+bx=c$ 형태라면, 방정식에 $x=y-\dfrac{b}{2}$를 대입하여 그것을 $y^2=c+\dfrac{b^2}{4}$과 같은 형태로 바꾼 다음 양변에 제곱근을 취하여 원하던 근을 구할 수 있다고 했다.

그는 3차방정식의 풀이법으로 네 가지 방법을 제시했는데, 첫 번째 방법은 2차방정식의 풀이와 비슷하다. 우선 주어진 3차방정식을 몇 개의 특정한 일반적인 형태로 바꾼 다음 이 변형된 방정식을 해결함으로써 처음 주어진 방정식의 해를 구한다. 전형적인 변환 방법은, $x^3+ax^2+bx+c=0$과 같은 형태의 방정식에 $x=y-\frac{a}{3}$을 대입하여 $x+dx+e=0$과 같이 x^2의 항이 없는 더 간단한 형태로 바꾸는 것이다. 두 번의 대입 과정을 더 거치면 이 방정식은 원래 방정식의 근을 갖는 2차방정식으로 바뀐다. 이처럼 폭넓게 사용되는 변환 방법은 '비에트의 대입법^{substitutions}'으로 알려져 있다.

$x^3-bx=c$와 같은 형태의 3차방정식을 풀 때에는 두 개의 비례중항을 이용했다. 참고로, 비례식 $a:b=b:c$에서와 같이 내항이 같을 때 이 내항 b를 a와 c의 비례중항이라고 한다. 방정식 $x^3-4x=192$를 예로 들어 그 풀이법을 살펴보자.

우선 $\sqrt{4}=2$와 $\frac{192}{4}=48$ 사이의 수들 중에서 $\frac{2}{m}=\frac{m}{n}=\frac{n}{m+48}$ 의 비례 관계를 만족하는 두 수 m과 n을 찾는다. 이미 알고 있는 방법을 이용하여 비례중항 $m=6$과 $n=18$을 구하면 원래의 3차방정식의 한 해 $x=m=6$을 얻는다.

3차방정식을 해결하기 위해 제시한 세 번째 풀이법은 삼각함수이다. $x^3-3bx=b^2d$꼴의 3차방정식에 $x=2b\cos(\theta)$와 $d=2b\cos(3\theta)$를 대입하면 두 개의 직각삼각형 사이의 관계를 나타내는 잘 알려진 삼각방정식이 만들어지는데 삼각함수표를 이용하여 그 두 직각삼각형을 구하면 원래의 3차방정식의 해를 얻는다.

마지막으로 네 번째 방법은 그가 근과 계수 사이의 관계를 얼마나 잘 이해하고 있었는지를 보여준다. 그는 r_1, r_2, r_3을 근으로 갖는 $x^3 - ax^2 + bx - c = 0$과 같은 형태의 3차방정식의 근과 계수 사이에 $a = r_1 + r_2 + r_3$, $b = r_1 r_2 + r_1 r_3 + r_2 r_3$, $c = r_1 r_2 r_3$과 같은 관계가 성립함을 보였다. 근과 계수 사이의 관계를 나타내는 이 간단한 방정식들을 해결하면 원래의 방정식의 근을 구할 수 있다. 1620년대에 프랑스 수학자 지라드^{Albert Girard}는 더하거나 빼는 기호를 이용하여, '비에트의 공식'으로 알려진 이 일반적인 형태의 방정식들을 모든 다항방정식의 근과 계수 사이의 관계를 밝히는 데에 적용시켰다.

4차방정식의 풀이에 대해서는, 우선 주어진 방정식을 일반적인 형태로 바꾸고 이를 한 쌍의 2차방정식으로 나누어 해를 구하는 대수적인 대입법을 사용했다. 또한 임의의 4차방정식의 근과 계수 사이의 관계에 대해서도 3차방정식에서의 비에트의 공식과 비슷한 공식들을 유도해냈다.

비에트의 방정식 풀이법에 대한 접근은 이전의 수학자들에 비해 상당히 앞서 있었다. 왜냐하면 자음과 모음을 사용한 표기법 덕분에, 여러 형태의 방정식을 더 적은 수의 일반적인 형태로 나타내었고 근과 계수 사이의 관계를 훨씬 더 효과적으로 표현하였기 때문이다. 모든 계수가 양수라는 제한을 두었고 근 또한 오직 양수일 때에만 의미가 있다고 생각했기 때문에 이러한 일반적인 방법이 완벽하지는 않지만, 해석학적 기술을 소개한 저서들은 그에게 프랑스의 뛰어난 수학자 중 한 사람이라는 명성을 가져다 주었다.

기하학, 삼각법, 그리고 대수학의 발전

비에트는 위에서 언급한 것 이외의 다른 수학 저서들을 통해, 다양한 수학 분야에 새로운 방법과 아이디어를 제공하는 데 기여했다. 1592년 프랑스의 수학자 스캘린$^{J.\,J.\,Scalinger}$이 직선자와 컴퍼스만으로 주어진 원과 같은 면적을 갖는 정사각형을 작도하는 방법, 임의의 각을 삼등분하는 방법, 그리고 두 선분 사이에 두 개의 비례중항을 작도하는 방법을 발견했다고 주장하자, 비에트는 이를 반박하기 위해 여러 차례 공개 강연을 했다. 비에트의 발표는 매우 설득력이 있었기 때문에 스캘린은 학자로서의 명예가 실추된 채 그 도시를 떠나야만 했다.

일 년 후, 비에트는 자와 컴퍼스만을 이용하여 이러한 작도들이 불가능한 이유를 보여 주는 증명과 전형적인 그리스 기하학과 관련된 다른 기법들과 아이디어들을 담은 광범위한 논문 〈*Variorum de rebus mathematicis*(수학적 반박의 모음집)〉을 발표했다. 이 논문에는 원에 내접하는 정칠각형을 작도하는 방법과 아르키메데스의 나선 위의 임의의 한 점에서 접선을 긋는 방법이 제시되어 있다. 또한 $6 \cdot 2^{16} = 393{,}216$개의 변으로 이루어진 원에 내접하는 다각형을 작도하여, 끝없이 계속되는 π의 값을 3.141592653과 같이 소수 아홉 번째 자리까지 정확하게 구하는 방법도 소개되어 있다.

비에트는 내접하는 n각형과 $2n$각형의 변의 길이 사이의 관계를 연구하여, 상수 π를 제곱근의 무한 곱으로 표현했다.

비에트는 이 논문에서 무한을 다루는 두 가지 아이디어를 제시하는데, 이는 그가 무한의 개념을 통찰하는 능력이 얼마나 뛰어났는지를 보여준다. 원은 무한히 많은 변들로 이루어진 정다각형이라고 설명하면서, 원이 어떤 선과 만난다면 그 선은 원을 이루고 있는 선들 중 하나와 일치해야 하나 이것은 불가능하기 때문에 원은 만나는 어떤 선과도 각을 이루지 않는다고 그는 주장했다. 이 새로운 주장은 접할 때 생기는 각의 의미를 명확하게 제시해 주었고, 비에트는 다른 수학자들은 이해하지 못했던 방법으로 무한의 개념을 사용했다. 또한 $4 \cdot 2^n$개의 변으로 이루어진 내접다각형들의 무한수열과 관련된 계산규칙을 분석했다. 연속적인 다각형들의 둘레의 비를 관찰하여, 다음과 같이 π의 정확한 값을 나타내는 공식을 만들었다.

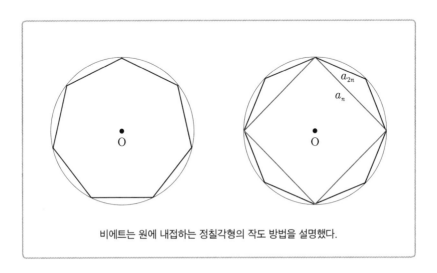

비에트는 원에 내접하는 정칠각형의 작도 방법을 설명했다.

$$\pi = \cfrac{2}{\left(\sqrt{\dfrac{1}{2}} \right) \cdot \left(\sqrt{\dfrac{1}{2} + \dfrac{1}{2}\sqrt{\dfrac{1}{2}}} \right) \cdot \left(\sqrt{\dfrac{1}{2} + \dfrac{1}{2}\sqrt{\dfrac{1}{2} + \dfrac{1}{2}\sqrt{\dfrac{1}{2}}}} \right) \cdots}$$

p값을 추정하는 이전의 모든 시도들이 변화하는 근사치를 좀 더 정확하게 구하기 위해 유한 개의 많은 항들을 사용했던 것에 비하면, 비에트의 성과는 무한 번의 연산을 사용하여 π의 정확한 표현을 얻으려는 성공적인 첫 번째 시도였다.

이 논문에는 'prosthaphaeresis'라는 최근에 발견된 계산 방법도 설명되어 있다. 논문을 발표하기 전의 10년 동안, 클라비우스 $^{\text{Christopher Clavius}}$와 뷔르기$^{\text{Joost Bürgi}}$를 포함한 독일의 천문학자들과 수학자들은 관련된 두 개의 값들을 더함으로써 두 수의 곱을 구할 수 있는 효과적인 방법을 고안해냈다. 비에트는 삼각함수들 사이의 관계를 이용하여, 다음와 같은 여러 가지 공식들이 어떻게 만들어지는지 설명했다.

$$\cos(A) \cdot \cos(B) = \frac{\cos(A+B) + \cos(A-B)}{2} \quad \text{또는}$$

$$\sin(A) \cdot \sin(B) = \frac{\cos(A-B) - \cos(A+B)}{2}$$

특히 이 공식들 중 하나와 삼각함수표를 이용하면 두 수의 곱을 구할 수 있었다. x와 y의 곱을 구하는 경우, 우선 $x = \cos(A)$, $y = \cos(B)$를 만족하는 각 A와 B를 찾고, 다시 $\cos(A+B)$와

$\cos(A-B)$의 값을 찾아 서로 더하면 원하던 결과를 얻는다. 물론 비에트가 이 공식들을 발견하지는 않았지만, 그의 논문에 이 내용을 소개하고 또 이 논문이 폭넓게 읽혀짐에 따라 대중적인 사용이 가능해졌다.

그는 삼각함수들 사이의 기하학적인 관계를 연구하여 $2 \le n \le 10$을 만족하는 n에 대하여 $\sin(n\theta)$와 $\cos(n\theta)$를 좀 더 간단한 $\sin(\theta)$와 $\cos(\theta)$를 사용하여 표현하는 공식을 만들었다. 2배각과 3배각에 대한 공식은 이미 고대 그리스인들도 알고 있었으나, 그 이상의 일반적인 배각 공식들은 1615년에 출간된 비에트의 논문 $\langle$*Ad angularium sectionum analyticem*(해석학적으로 각을 나누는 방법)$\rangle$을 통해 처음 소개되었다. 그는 각각의 배각 공식을 $\sin(\theta)$와 $\cos(\theta)$의 거듭제곱을 이용한 다항식으로 나타냈으며, 각 항들의 계수들은 전개식, $(x+y)^n = x^n + nx^{n-1}y + \dfrac{n(n-1)}{1 \cdot 2}x^{n-2}y^2 + \cdots + y^2$의 계수들을 이용하여 구했다. 현대적인 표현법을 사용하여 나타내면, 이 값들은 이항계수, $\binom{n}{0}=1$, $\binom{n}{1}=n$, $\binom{n}{2}=\dfrac{n(n-1)}{1 \cdot 2}$, $\cdots$, $\binom{n}{n}=1$로 알려진 값들이다.

1593년, 벨기에 수학자 로마누스$^{\text{Andriaan van Roomen}}$가 프랑스의 모든 수학자들에게 방정식 $x^{45} - 45x^{43} + 945x^{41} - \cdots - 3795x^3 + 45x = K$를 풀어 보라고 하자 헨리 4세는 비에트에게 도움을 요청했다. 비에트는 문제를 읽는 사이 하나의 해를 발견했고 하루 동안 다른 22개의 양의 해들을 구해냈다. 그는 이 문제가 $\sin(45\theta)$의 전개식과 관련된 문제라는 것과 $45 = 3 \cdot 3 \cdot 5$임을 알고는, $\dfrac{2}{3}^{\circ}$와 $\dfrac{1}{5}$의 방정식을 풀고 모든 양의 해들을 구하기 위해 그가 고안한 각을 나누는 방법을 사용했다.

1595년, 비에트는 그의 해결 방법을 논문 〈*Ad Problema, quod omnibus mathematicis totius orbis construendum proposuit Adrianus Romanus, responsum*(전 세계의 모든 유명한 수학자들에게 제시되었던 아드리아누스 로마누스가 만든 문제의 답)〉에 실었다. 이 논문의 끝에 그는 로마누스에게 직선자와 컴퍼스만을 사용하여 주어진 세 개의 원에 접하는 원을 작도해 보라는 전형적인 문제를 제시했다.

1600년 로마누스가 두 개의 쌍곡선을 이용하여 그 문제를 해결하자, 비에트는 자와 컴퍼스를 이용한 해법을 그와 공유했다. 이 과정에서 보여준 비에트의 능력에 강한 인상을 받은 로마누스는 그와 함께 퐁테네를 여행하면서 그와 친구가 되었다. 비에트는 1600년에 생전의 마지막

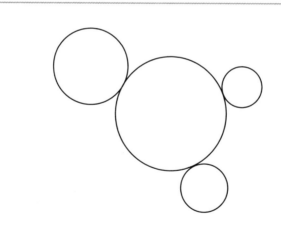

로마누스의 방정식에 대한 23개의 양의 근을 발견한 후, 비에트는 고대 그리스 수학자 아폴로니우스가 제시한 고전적인 기하학 문제를 그에게 도전 과제로 주었는데, 그것은 주어진 세 개의 원에 내접하는 하나의 원을 작도하는 것이었다.

출간물 중 하나인《*De numerosa potestatum purarum*(방정식의 수학적 해법)》을 출간했고, 이 책에서 다항방정식의 해를 얻기 위해 연속적으로 근사치들을 사용하는 방법을 설명했다.

이 반복적인 방법에 따르면, 우선 하나의 근사값을 사용하여 해답의 첫 번째 자리의 값을 구한다. 각각의 단계마다 반복적으로 대입과 대수적 단순화의 과정을 거치는데, 단계가 더해질수록 해의 값을 한 자리씩 더 알게 된다. 이 방법은 호너[Homer]의 방법으로 알려진 것과 비슷하며, 현대에서는 이 방법을 사용하여 정수뿐만 아니라 소수 근사치까지 구하지만 그는 엄격하게 정수해로만 제한했다.

결론

비에트는 왕실 법정의 관료직을 떠난 지 2개월 후인 1603년 2월 23일, 수많은 수학 관련 저작들을 남긴 채 세상을 떠났다. 1615년 동료였던 스코틀랜드인 앤더슨[Alexander Anderson]은 출간되지 않은 비에트의 원고들을 모아 책으로 출간했고, 1646년에는 독일 수학자 프란스 반 스호텐[Frans van Schooten]이 비에트의 연구 결과들을 편집하여《*Opera mathematica*(수학적 저서들)》을 출간했다.

비에트의 연구 결과가 공개되자 수학자들은 그의 생각과 기술의 대부분을 기꺼이 받아들이고 활용했다. 방정식에서 모르는 양과 알고 있는 양을 나타내기 위해 자음과 모음을 사용한 표기법은 널리 받아들여진 혁신적인 기술로써 중요한 의미를 갖는다. 이 표기법은 수학자들로

하여금 비슷한 유형의 방정식을 해결하는 데 있어서 일반적인 방법을 발전시키도록 도와주었을 뿐만 아니라, 자음과 모음의 개념은 1637년 데카르트가 비에트의 표기 체계를 일반화시키는 과정에서 매우 중요한 아이디어를 제공했다.

다항방정식의 근과 계수 사이의 관계에 대한 비에트의 아이디어는 17, 18세기의 대수학 연구의 중점 과제가 되었던 일반적인 방정식 이론의 발전을 가져왔다. 또한 각을 나누는 방법은 대수학, 기하학, 삼각법 사이의 관계를 강조하는 것으로 이들 사이의 관계는 오늘날까지도 대수 기하학이라고 알려진 수학의 한 분야로써 수학자들에 의해 연구되고 있다.

그의 해석학적 기술과 기호논리학적 해석은 더 이상 '새로운 대수학'의 구성 요소가 되지는 못하지만, 좀 더 일반적이고 형식적인 용어들로 생각을 표현하는 비에트의 새로운 방법은 수학을 현대 대수학과 기호 체계의 학문으로 발전시켰다.

존 네이피어

John Napier
(1550~1617)

영국에서 최초로 시작된
수학적으로 중요한 아이디어인 로그의 도입은,
계산을 요하는 학문으로써의 수학을 확립했다.
또한 로그는 이전의 수학자들이 소개한 아이디어를 기초로 하지 않고
독립적으로 이끌어내졌다는 점에서 의미가 있다.

로그 발명가

스코틀랜드의 수학자 네이피어는 최초로 로그표를 만들고 계산의 과정을 단순화시킨 인물이다. 그는 자신의 저서를 통해 어떤 수의 정수와 소수 부분을 구별하기 위한 효과적인 표기법을 제시함으로써 소수의 사용을 일반화하는 데 기여했다. 또한 그가 발명한 다양한 계산 도구들 중 하나인 네이피어 막대는 큰 수를 효율적으로 곱할 때 사용하는 대중적인 도구가 되었다.

'놀라운 머치스턴marvelous Merchiston'이라 불렸던 그는 진보적인 농업 기술을 개발하여 보급하고, 잠수함과 다른 군사용 무기의 설계도를 제작하는 등 수학 이외의 다른 여러 분야에서도 두드러진 성과를 나타냈다.

발명가와 신학자

머치스턴^{Merchiston}의 여덟 번째 대지주였던 네이피어는 1550년, 그의 가족의 소유였던 스코틀랜드 에든버러^{Edinburgh}에 있는 머치스턴 성에서 태어났다. 그는 아치볼드 네이피어^{Archibald Napier}와 에든버러의 하원의원의 딸이었던 자네 보스웰^{Janet Bothwell} 사이에서 장남으로 태어났다. 네이피어는 에든버러, 레녹스^{Lennox}, 맨테스^{Menteith}, 갈튼스^{Gartness}의 토지를 소유하고 있는 부유한 신사 계급(귀족 다음의 계급)이었다. 여러 세대에 걸쳐 조상들이 그랬던 것처럼 아치볼드 경은 스코틀랜드 왕정에서 일했는데, 1565년에는 사법대표의 관직을 맡아 기사 작위를 수여받았고 1582년에는 영국의 주요 관직이었던 조폐국의 최고 관리자가 되었다.

네이피어는 보통 공적인 문서에는 Jhone Neper, John Napeir, Jhone Nepair란 이름을 사용하였으며, 책을 출간할 때에는 다양한 이름을 사용했다. 그러나 현대의 수학 관련 책에서는 John Napier를 사용하고 있다.

네이피어는 13세 때 스코틀랜드 파이프^{Fife}에 있는 성 앤드류 대학 St. Andrew's University의 성 살바토르 칼리지^{St. Salvator's College}에 입학하여 신학에 대한 흥미를 쌓아갔다. 입학한 첫 해에 어머니가 세상을 떠나자 곧 학업을 그만두었지만, 오크니^{Orkney}의 주교였던 삼촌의 조언으로 더 나은 교육을 받기 위해 유럽으로 떠났다.

그는 1571년, 발전된 수학적 지식과 고전 문학을 배우고 에든버러로 돌아와 그 이듬해에 엘리자베스 스탈링^{Elizabeth Stirling}과 결혼했다.

1579년 두 아이를 낳은 스탈링이 죽자 두 번째 아내인 아그네스 치솜 Agnes Chisholm과 결혼하여 각각 다섯 명의 아들과 딸을 낳아 기르며 다복한 생활을 했다. 그리고 1608년부터는 아버지가 유산으로 남긴 머치스턴의 성을 물려받아 그곳에서 인생의 남은 삶을 보냈다.

네이피어는 다양한 분야에서 혁신적인 발명가로서 명성을 떨쳤다. 농업 분야에서는 소금을 사용하여 농장의 잡초를 없애고 토지를 비옥하게 하는 실험을 했는데, 이 방법은 매우 효과적이었으며 그는 실험을 통해 알아낸 사실들을 정리하여 《*The new order of gooding and manuring all sorts of field land with common salt*(소금을 이용하여 모든 종류의 토지를 비옥하게 하고 비료를 주는 새로운 방법)》이란 제목의 책으로 출간하였고 정부로부터 이 경작 방법에 대한 독점권을 인정받았다. 또한 탄광에서 물을 뽑아 올릴 때 사용하는 회전하는 굴대를 이용한 수력 프로펠러의 설계도를 제작하였는데, 이것도 정부로부터 독점권을 인정받았다. 이 장치는 기원전 3세기경 그리스 수학자 아르키메데스에 의해 고안되었던 아르키메디안 프로펠러의 설계도를 개선한 것이다.

네이피어는 측량법과 관련된 전문적 기술의 발전에도 기여했으며 많은 지주들의 소유지 측량을 돕는 상담자로 일하면서 이런 능력을 유감없이 발휘했다. 1596년에 출간한 《*Secrete inventionis*(세상에 드러나지 않은 발명들)》에는 네 개의 군사적 장치의 설계도와 그가 만든 견본들을 이용한 실험 내용이 담겨져 있다. 이 장치들 중에는 장갑차도 포함되었는데, 이 장갑차에는 둥근 구멍들이 뚫려 있어 어떤 방향으로든지 화염 공격이 가능했다. 또 다른 기계인 잠수함은 수중에서도 발사가 가능했으며, 연속적인 발사가 가능한 대포와 적군의 배를 불태우기 위해 태양 광선에 초점을 맞출 수 있는 반사경(아르키메데스에 의해 영감을 받은 또 다른 아이디어)도 그 네 개의 장치에 포함되었다. 네이피어의 수많은 발명품들과 후기 저서들을 높이 평가한 자국민들은 그를 '놀라운 머치스턴marvelous Merchiston'이라 칭했다.

독실한 장로교인이었던 네이피어는 요한 계시록에 대해 5년 동안 연구한 결과들을 모아 1593년 《*A plaine discovery of the whole revelation of St. John*(요한의 계시에 대한 분명한 발견)》을 출간했다. 그는 이 책에서 교황을 그리스도의 적이라고 표현하는 등 가톨릭에 대한 강한 비난을 드러냈다.

당시 스코틀랜드의 왕이었던 제임스 6세에게 바쳐진 이 책은, 왕이 궁중 관료들의 신앙심을 철저히 검증하게 했다. 또한 유럽의 신교도들에게 읽혀졌으며, 끊임없이 프랑스어, 독일어, 네덜란드어로 번역되어 많은 이들에게 보급되었다.

마술사로 소문난 네이피어

사람들은 그에게 마술적인 힘이 있다고 믿었다. 그들은 그가 새의 무리에게 마법을 부리고 도둑을 잡기 위해 마법에 걸린 수탉을 부리며, 초자연적인 힘을 사용하여 보물이 묻힌 위치를 찾는다고 생각했다. 양질의 농작물을 재배하는 능력과 긴 옷을 입고 소유지 주위를 거니는 습관, 조용하고 고독한 삶을 좋아하는 습성과 더불어 사람들의 그러한 주장들은 그를 지켜본 많은 사람들로 하여금 그를 마법사로 확신하게 했다.

이러한 사건들과 개인적 성향에 대한 자세한 언급은 네이피어가 특별한 정신적 능력의 소유자이며 독창적인 논리를 사용하는 사람이었음을 알려 준다. 한 예로 그는 심어놓은 씨앗들을 계속해서 먹어버리는 비둘기 떼를 잡기 위해, 한 뭉치의 씨앗을 술에 적신 다음 밭에 뿌려놓았다. 다음날 아침, 의식을 잃은 여러 마리의 비둘기들이 잡혔고, 비둘기들의 주인이 비둘기들이 먹은 씨앗에 대한 배상을 다 할 때까지 그는 비둘기들을 놓아 주지 않았다. 또한 하인들 중 누군가가 물건을 계속 훔치고 있음을 알게 되자, 그는 하인들에게 한 사람씩 어두운 방에 들어가 잠시 동안 수탉을 만져보고 나오라고 했다. 물론 그는 미리 닭의 깃털에 검은 그을음을 칠해두었다. 모든 하인들이 방에 들어갔다 나오자 하인들의 손을 살펴본 후 수탉을 만지지 않아

깨끗한 손을 하고 있었던 하인을 범인으로 지목했다.

1594년에 그는 영적인 힘으로 베릭셔^{Berwickshire}의 패스트캐슬^{Fastcastle}에 숨겨진 보물의 위치를 찾아달라는 요구에 응했다. 그가 보물 탐색에서 안내자 역할을 하기로 약속한 것은 사실이지만, 실제로 보물을 찾아냈는지는 확실하지 않다.

네이피어의 배회하는 습관과 혼자서 지내길 좋아하는 습성은 그가 수학을 연구하는 모습에서도 나타났다. 그는 결코 연구자나 교육자로서 어떠한 공식적인 지위를 가진 적이 없었다. 또한 수학 관련 학회의 일원이 된 적도, 전문적인 수학자들이나 학자들과 교류를 한 적도 없었다. 네이피어는 그의 성 주위를 혼자서 거닐 때, 떠오르는 수학적 의문들을 곰곰이 생각하면서 성 깊숙한 곳까지 배회하곤 했다. 특히 수학에 집중할 때만큼은 정적이 깨지는 것을 싫어했던 그는, 근처의 곡물 제조업자에게 물레바퀴의 딸깍거리는 소리가 집중하는 것을 방해한다면서 물레바퀴를 멈춰달라고 부탁을 했을 정도였다.

곱셈의 보조 도구, 네이피어 막대

네이피어는 어른이 되어서도 계산 과정을 단순화하는 방법과 도구 개발에 대한 관심을 잃지 않았다. 1570년대 초, 유럽에서 돌아온 지 얼마 되지 않아 그는 첫 번째 수학 논문을 썼다. 크게 다섯 부분으로 나뉘는 이 논문은 주로 계산과 대수를 다루고 있는데, 그는 계산을 하는 효과적인 방법과 간결한 대수적 표기법을 설명하고 방정식의 허근에 대해 논했다. 그는 양의 값과 음의 값을 갖는 양을 나타내기 위해 'abundant(풍부한)'와 'defective(불완전한)'란 단어를 사용했는데, 이 두 개념은 아직 불완전했으며 이에 대한 용어 또한 표준화되지 않았다. 하지만 이러한 생각들을 담아 발표한 논문은 대수학의 발전에 큰 기여를 했다. 사실 이 논문은 발표되지 않은 채 원고 상태로 남아 있다가, 1839년 네이피어의 제자 중 하나가 'De arte logistica(기호논리학적인 방법)'이란 제목을 붙여 출간함으로써 알려지게 되었다. 출간 당시 이 논문에 나타난 아이디어들은 이미 다른 수학자들에 의해 발견되고 다른 것으로 대체된 이후였다.

네이피어는 45년에 걸쳐 효율적으로 연산을 하는 기술적인 방법 세가지를 고안해냈다. 그는 1617년에 이러한 방법들에 대한 자세한 설명을 담아 《*Rabdologiae*(막대 계산술)》을 출간했고, 이 책을 던퍼믈린 Dunfermline의 백작이었던 시턴 장관Chancellor Seton에게 바쳤다. 그 책의 제목인 《*Rabdologiae*(막대 계산술)》은 그가 디자인한 번호를 매긴 막대들을 이용하여 연산을 하는 방법에 그가 붙인 이름이다. Napier's rods(네이피어의 막대), Napier's bones(네이피어의 뼈), 또는 간단히 Napier(네이피어)라고 알려진 이 계산 도구는 나무나 상아, 뼈로 만든 직사각형 막대들로 이루어져 있으며, 각각의 막대의 네 면에는 0, 1, 2, 3, …, 9 중 하나의 처음 열 개의 배수들이 새겨져 있다. 237×5와 같은 두 숫자들의 곱을 하려면, 우선 숫자 2, 3, 7에 해당하는 막대들을 나란히 두고 각각의 막대에서 다섯 번째 정사각형에 있는 두 자리 숫자들을 결합하면 된다. 이때 결합하는 방법은, 각각의 정사각형에서 왼쪽에 있는 값들에 오른쪽에 있는 값들을 더하면 된다.

네이피어 막대는 곱셈의 과정을 대부분의 사람들이 가장 쉽게 할 수 있는 간단한 덧셈 연산으로 바꾸어 준다. 이 책에는 막대들을 이용하여 나눗셈을 하고 제곱근을 계산하는 방법도 소개되어 있다. 네이피어 막대는 유럽 전 지역으로 널리 알려졌으며 부기 담당자, 회계사, 학생들에게 인기 있는 도구가 되었다.

이 책의 두 번째 절에는 네이피어가 고안한 'promptuary'라는 계산기와 그것을 사용하여 곱셈하는 방법, 그리고 그가 'promptuarium multiplicationis(promptuary를 사용한 계산)'이라 부른 과정이 자세히 설명되어 있다. 숫자가 새겨진 금속판들로 구성된 Promptuary는 하나의 상자 안에 배열되어 있으며, 일정한 방식으로 회전하는 금속판들을 이용하면 누구든지 쉽게 두 수의 곱셈을 할 수 있다.

이 도구는 네이피어 막대에 비해 좀 더 복잡하고 비용이 많이 드는 단점이 있지만, 부분적인 결과들을 더하거나 한 자리 수를 올리는 일을 하지 않아도 복잡한 계산이 가능한 장점을 가진 계산기이다. 이 계산기는 일찍 알려졌으나, 폭넓게 사용되지는 않았다.

네이피어는 《*Rabdologiae*(막대 계산술)》의 부록에 위치 연산 local arithmetic이라는 계산 방법을 제시했다. 2의 거듭제곱의 합으로 양의 정수를 나타내기 위해 체스판 위의 말판들을 어떻게 사용해야 하는지 보여준 후, 2진수의 자리 표기법을 이용하여 덧셈, 뺄셈, 곱셈, 나눗셈 과 제곱근을 구하는 방법을 설명했다. 그가 설명한 방법은 오늘날 컴 퓨터가 수를 표현하고 다루는 데 사용하는 방법들과 상당히 비슷했다. 만약 그 당시에 지수와 2진수들을 나타내는 효율적인 표기법이 존재 했다면, 이 새로운 계산 방법은 매우 유용한 계산기의 발전에 기여했 을 것이다.

계산을 단순화한 로그

1590년부터 1617년까지 네이피어는 가장 중요한 수학적 업적인 로그 개념의 창안을 이루어냈다. 그는 인쇄된 페이지의 순서가 서로 정반대인 두 권의 책에서 로그 체계를 설명했다. 1614년 〈*Mirifici logarithmorum canonis descriptio*(경이로운 로그표에 대한 설명)〉을 발표했는데, 이 논문에서 그는 삼각형과 관련된 문제를 해결하기 위해 로그를 어떻게 사용하는지 설명하고 상세한 로그표를 제시해 주었다.

네이피어가 세상을 떠난 지 2년 후인 1619년, 그의 아들 로버트 Robert는 로그값에 대한 기하학적 근거와 로그표를 구성하는 과정을 제시한 안내서인 《*Mirifici logarithmorum canonis constructio*(경이 로운 로그표의 구성)》을 번역하여 출간했다.

네이피어는 원래 로그를 인위적인 수artificial numbers라고 불렀으며,《*Mirifici logarithmorum canonis constructio*(경이로운 로그표의 구성)》에는 처음부터 끝까지 이 용어가 사용되었다. 〈*Mirifici logarithmorum canonis descriptio*(경이로운 로그표에 대한 설명)〉을 쓸 당시, 그는 그리스어인 'logos(ratio, 비율)'와 'arithmos(number, 수)'를

1614년 논문 〈Mirifici logarithmorum canonis descriptio(놀라운 로그표에 대한 설명)〉에서, 네이피어는 최초의 로그표를 소개했다(Library of Congress).

결합하여 로그logarithm라는 단어를 만들어냈다.

$0°$부터 $45°$까지의 각 θ에 대해, 그의 거대한 로그표는 $\sin\theta$, $\cos\theta$, $\log(\sin\theta)$, $\log(\cos\theta)$, $\log(\tan\theta)$의 값을 보여 준다. 90페이지에 걸쳐 제시된 이 거대한 표에는 그 크기가 1분$\left(\dfrac{1}{60}^{°}\right)$씩 커지는 2700개의 각에 대해 소수 일곱째 자리까지 정확하게 계산된 그 다섯 가지의 값들이 열거되어 있다.

〈*Mirifici logarithmorum canonis descriptio*(경이로운 로그표에 대한 설명)〉에는 만약 네 개의 양 a, b, c, d가 $\dfrac{a}{b}=\dfrac{c}{d}$를 만족한

다면 방정식 $\log a - \log b = \log c - \log d$가 성립한다는 로그의 기본 성질이 설명되어 있다. 그는 곱셈이나 나눗셈, 또는 제곱근 계산을 하지 않아도 누구든지 이 성질을 이용하여 두 변의 길이가 주어진 직각삼각형의 각의 크기를 구할 수 있음을 보였다.

예를 들어, 빗변의 길이가 c인 직각삼각형에서 만약 각 A의 대변의 길이가 a라면, 주어진 각과 두 변의 길이는 방정식 $\log(\sin A) = \log a - \log c$를 만족한다. 네이피어는 직각삼각형이 아닌 모든 삼각형에 대해, 로그를 이용하여 사인법칙 $\dfrac{\sin A}{a} = \dfrac{\sin B}{a}$를 방정식 $\log(\sin A) - \log a = \log(\sin B) - \log b$로 어떻게 바꾸는지 보여 주었다. 두 변의 길이와 그 변들 중 하나의 대응각의 크기를 알고 있거나 두 각의 크기와 그 각들 중 하나의 대응변의 길이를 알고 있는

경우, 사인법칙에 로그를 취해 얻은 방정식을 이용하여 적당히 로그들을 더하거나 빼는 과정만 거친다면 네 번째 양을 구할 수 있다.

그는 비슷한 방법으로 탄젠트 법칙,

$$\frac{a+b}{a-b} = \frac{\tan\left(\dfrac{A+B}{2}\right)}{\tan\left(\dfrac{A-B}{2}\right)}$$

를 대수적으로 동치인 좀 더 효율적인 방정식,

$$\log(a+b) - \log(a-b) = \log\tan\left(\frac{A+B}{2}\right) - \log\tan\left(\frac{A-B}{2}\right)$$

로 어떻게 바꾸는지 설명했다. 삼각형의 주어진 두 변의 길이를 a, b라 하고, 그 변들 사이의 각을 C라 하면, 이 대수적 동치와 $A+B=180°$ $-C$인 관계를 이용하여 다른 두 각의 크기를 구할 수 있다.

네이피어는 《*Mirifici logarithmorum canonis constructio*(경이로운 로그표의 구성)》에서 두 직선 위를 움직이는 두 점들이 이동하는 거리 사이의 관계로 로그표를 어떻게 구성했는지 설명했다.

첫 번째 점은 일정한 속도로 같은 시간 동안 같은 거리를 움직인다. 두 번째 점은 고정된 점을 향해 움직이는 점으로, 이 점은 남아 있는 거리와 비례하는 점점 감소되는 속도로 움직인다. 두 점이 같은 시간에 같은 속도로 출발한다고 가정하고, L은 첫 번째 점이 이동하는 거리, N은 두 번째 점이 이동해야 하는 남아 있는 거리라고 할 때, $L=\log N$으로 정의했다. 그는 두 번째 점이 고정된 점으

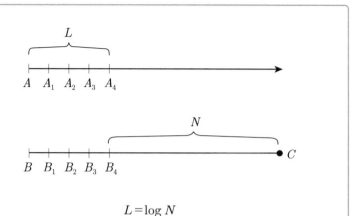

$$L = \log N$$

네이피어의 로그는 일정한 속도로 A에서 출발한 점이 이동하는 거리(L)와 점차 감소하는 속도로 B에서 출발한 점이 이동한 후 남아 있는 거리(N)를 서로 연관 지은 것이다. 그는 이런 연산과 기하학적인 과정을 방정식 $L = \log N$으로 표현했다.

로부터 $10^7 = 10,000,000$ 단위의 거리만큼 떨어진 곳에서 출발한다고 가정했기 때문에, $L = \log N$이란 네이피어의 정의는 L과 N이 $10,000,000(.9999999)^L = N$ 또는 $10^7 \left(1 - \dfrac{1}{10^7}\right)^L = N$이란 관계를 만족함을 의미한다.

국제적 환호를 받은 로그

런던의 그레샴 칼리지$^{\text{Gresham College}}$의 기하학 교수였던 브리그스 $^{\text{Henry Briggs}}$는 네이피어가 고안한 로그 개념의 중요성을 인식했다. 그는 1615년과 1616년에 네이피어의 집을 한 달 정도 방문했는데, 그동안 두 수학자는 log 1 = 0, log 10 = 1이 되도록 로그 체계를 수정하는 것에 합의했다.

오늘날 상용로그 또는 10진법 로그라 알려진 이 개선된 로그 체계는 특별한 성질들, $\log(ab) = \log a + \log b$, $\log\left(\dfrac{a}{b}\right) = \log a - \log b$, $\log(a^b) = b \log a$를 만족한다. 브리그스는 1617년 그의 저서인 《Logarithmourum chilias prima(처음 1000개의 수에 대한 로그값)》에 그들이 공동으로 연구하여 얻은 결과들과 최초의 상용로그표를 실었다. 이 표는 20세기까지 모든 로그표의 기초로 이용되었다.

네이피어의 로그의 개념과 최초의 로그표는 수학자들과 천문학자들에게 직접적이면서도 폭넓은 영향을 미쳤다. 1616년 에드워드 라이트 Edward Wright의 《Mirifici logarithmorum canonis descriptio(경이로운 로그표에 대한 설명)》 영어 번역서는 네이피어의 로그에 대한 아이디어를 더 많은 사람들에게 전하는 역할을 했다.

1619년 출간된 존 스페이델John Speidell의 《New Logarithms(새로운 로그)》에는 네이피어의 개념을 변형시켜 만든 값이 2.71828에 가까운 상수 e를 밑으로 하는 자연로그가 소개되어 있다.

네이피어는 제곱근이나 밑수의 거듭제곱으로 로그를 고안해낸 것은 아니었으나, 그의 원래 로그는 본질적으로 밑이 $\dfrac{1}{e}$인 로그이다.

독일의 천문학자 케플러Johannes Kepler는 로그의 발명이 행성의 움직임에 관한 세 번째 법칙을 발견하는 데 중요한 아이디어를 제공했다면서, 1620년 저서 《Ephemerides(천문력)》을 네이피어에게 바쳤다. 케플러를 비롯한 다른 천문학자들은 로그를 이용하면 큰 수들의 계산을 효율적으로 할 수 있다는 사실을 인정하고 천문학에서의 기본 계산 방법으로 로그를 빠르게 받아들였다.

유럽에서 로그의 사용이 대중화되자, 세 명의 영국 발명가들은 대수적인 눈금을 표시한 기계적인 계산 도구들을 만들었다. 1624년, 브리그스의 그레샴 칼리지 동료였던 천문학자 건터$^{\text{Edmund Gunter}}$는 한 쌍의 분할기를 이용하여 주어진 수들의 로그값을 더함으로써 그 수들의 곱을 구할 수 있는 건터 자 ─ 대수적 단위가 새겨진 두 개의 자가 한 데 묶인 자─를 발명했다. 이후 8년 동안 수학자 델라마인$^{\text{Richard Delamain}}$과 오트레드$^{\text{William Oughtred}}$는 각자 원형 자를 발명했는데, 그 자의 중심에는 한 쌍의 둥근 금속판이 부착되어 있고 가장자리에는 두 수들의 로그값들의 합으로 바꿀 수 있는 대수적 눈금이 새겨져 있다.

1632년 오트레드는 두 개의 건터 자를 서로 맞물려 놓음으로써 분할기의 사용이 필요없는 계산자$^{\text{Slide rule}}$를 발명했다. 이 계산자는 소형 계산기의 등장으로 인해 구식으로 밀리게 된 1970년대까지 급속도로 대중화되었고, 그 계산 도구들은 3세기 이상 수학적, 과학적, 공학적 계산을 돕는 가장 일반적인 계산기였다.

독일에 머물던 스위스의 수학자 뷔르기$^{\text{Joost Bürgi}}$는 네이피어의 연구가 한창이던 시기에 독립적으로 로그의 개념을 고안했다. 그는 $100,000,000(1.0001)^L = N$일 때 $10L$을 검은색 수 N에 대응하는 빨간색 수라고 불렀다. 네이피어와는 다른 값들과 용어를 사용하고 기하학적 유도를 사용하지는 않았지만, 뷔르기의 개념은 네이피어의 개념과 동일한 기본 원칙을 사용한 것이다. 그는 1620년 《*Arithmetische*

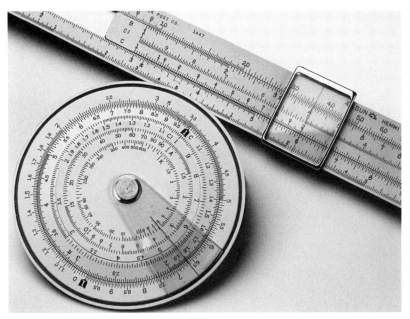

움직이는 눈금을 이용하여 만든 원형 자와 계산 자는 1970년대까지 대중적인 계산 장치로 이용되었다(Courtesy of Dr. Warren Kay and Dr. Charles Kay. Photograph by Kevin Salemme).

und geometrische Progress−Tabulen(산술급수와 기하급수의 표)》에서 진수^{antilogarithms} 표의 형태로 자신의 아이디어를 표현했다. 뷔르기의 출간이 네이피어보다 늦었지만, 일반적으로 수학자들은 두 사람을 로그 개념의 공동 발명자로 인정하고 있다.

그 외의 수학적 업적

네이피어의 저서 《*Mirifici logarithmorum canonis descriptio*(경이로운 로그표에 대한 설명)》과 《*Mirifici logarithmorum canonis constructio*(경이로운 로그표의 구성)》에는 로그의 개념과 더불어 여러 가지 다른 수학적 아이디어들이 담겨 있다. 《*Rabdologiae*(막대 계산술)》뿐만 아닌 다른 저서들에도 그는 임의의 수의 정수와 소수 부분을 구별하기 위한 효과적인 표기법으로 마침표나 쉼표를 사용할 것을 주장했다. 1580년대와 1590년대에도 벨기에의 스테빈^{Simon Stevin}, 독일의 마지니^{G. A. Magini}와 크리스토프 클라비우스^{Christoph Clavius}는 비슷한 표기법을 사용했었지만, 그들의 방법은 널리 보급되지 못했다. 국제적으로 대중화되고 영향을 미친 네이피어의 《*Mirifici logarithmorum canonis constructio*(경이로운 로그표의 구성)》은 유럽 전 지역에서 소수점의 사용이 관례가 되도록 하는 데 큰 역할을 했다.

네이피어의 공식^{Napier's formulas} 또는 네이피어의 등비^{Napier's analogies}로 알려진 구면삼각법에서 이용되는 네 개의 공식은 《*Mirifici logarithmorum canonis constructio*(경이로운 로그표의 구성)》에 처음 등장했다. 세 변의 길이가 각각 a, b, c이고, 세 각의 크기가 각각 A, B, C인 구면 삼각형에서, 이 공식들은 다음과 같은 관계를 설명한다.

$$\frac{\sin\left(\dfrac{a-b}{2}\right)}{\sin\left(\dfrac{a+b}{2}\right)} = \frac{\tan\left(\dfrac{A-B}{2}\right)}{\tan\left(\dfrac{C}{2}\right)} \qquad \frac{\cos\left(\dfrac{a-b}{2}\right)}{\cos\left(\dfrac{a+b}{2}\right)} = \frac{\tan\left(\dfrac{A+B}{2}\right)}{\tan\left(\dfrac{C}{2}\right)}$$

$$\frac{\sin\left(\dfrac{A-B}{2}\right)}{\sin\left(\dfrac{A+B}{2}\right)} = \frac{\tan\left(\dfrac{a-b}{2}\right)}{\cot\left(\dfrac{c}{2}\right)} \qquad \frac{\cos\left(\dfrac{A-B}{2}\right)}{\cos\left(\dfrac{A+B}{2}\right)} = \frac{\tan\left(\dfrac{a+b}{2}\right)}{\cot\left(\dfrac{c}{2}\right)}$$

그가 죽기 전에 남긴 원고에는 이들 중 단 한 가지 공식만이 설명되어 있으며, 나머지 세 개의 공식은 브리그스가 그 원고들을 책으로 출간하는 준비를 도우면서 주석으로 추가했다. 하지만 수학자들은 네이피어가 누군가 세 개의 나머지 공식들을 이끌어내는 단서를 제공했기 때문에 그가 이 네 개의 공식 모두를 발명했다고 생각하고 있다. 이 공식들을 이용하면 구면삼각형에서 네 부분의 양(각, 길이)이 주어졌을 때 다른 모든 양들도 구할 수 있다.

결론

1617년 4월 4일, 세상을 떠난 네이피어는 로그 개념의 발명자로 수학에 큰 영향력을 미친 수학자이다. 영국에서 최초로 시작된 수학적으로 중요한 아이디어인 로그의 도입은, 계산을 요하는 학문으로써의 수학을 확립했다. 또한 로그는 이전의 수학자들이 소개한 아이디어를 기초로 하지 않고 독립적으로 이끌어내었다는 점에서 의미가 있다. 《Mirifici logarithmorum canonis descriptio(경이로운 로그표에 대한 설명)》의 서문에 적힌, 독자들이 수많은 두꺼운 책들로부터 얻는 것만큼의 정보를 이 작은 책자에서도 얻을 수 있다는 네이피어의 주장은 결코 과장된 것이 아니다.

18세기 후반, 프랑스 수학자 라플라스Pierre Simon de Laplace는 로그가 계산 시간을 줄여 줌으로써 천문학자의 시간을 두 배로 만들어 주었다고 말했다. 계산자의 발명, 거대한 표의 구성과 더불어 로그는 곱과 비율, 근을 계산하는 중요한 방법이 되었고 지난 350년 동안 그 중요성을 잃지 않았다. 대수 계산자$^{\text{logarithmic scale}}$는 과학적으로도 활용되고 있는데, 그 예로는 액체의 산도를 측정하는 pH 눈금$^{\text{pH scale}}$, 소리의 크기의 양을 측정하는 데시벨 눈금$^{\text{decibel scale}}$, 지진의 강도를 측정하는 지진계 눈금$^{\text{Richter scale}}$ 등을 들 수 있다.

현대 정수론의 아버지

피에르 드 페르마

Pierre Fermat
(1601~1665)

그리스의 수학자들이
정수와 분수를 모두 연구한 것과는 대조적으로,
페르마는 오직 양의 정수의 성질과
계수가 정수인 방정식의 정수해에만 관심을 두었다.

현대 정수론의 아버지

다른 수학자들에게 보낸 여러 통의 편지에서, 페르마는 수학의 네 분야에 영향력 있는 아이디어를 제공했다. 페르마는 데카르트와 함께 해석 기하학의 기초를 세운 수학자로 평가받고 있으며, 극대, 극소, 접선을 찾는 방법, 그리고 단순한 곡선들의 면적을 구하는 방법을 발견함으로써 미적분학 도입의 계기를 마련했다. 그리고 파스칼^{Blaise Pascal}과의 서신 왕래를 통해 확률론의 기본이 되는 아이디어를 체계화했고, 그의 소수, 가분성, 정수의 거듭제곱에 관한 정리와 추측은 현대 정수론의 발전을 가져왔다.

수학 연구에 충분한 시간을 제공한 직업

페르마는 1601년 8월 17일에 프랑스 남부의 보몽드로마뉴^{Beaumont de}

^{Lomagne}에서 태어났고, 8월 20일에 세례를 받았다고 가톨릭교회에 기록되어 있다. 아버지 도미니크 페르마$^{Dominique\ Fermat}$는 집정관이었으며, 어머니인 끌레 드 롱$^{Claire\ de\ Long}$은 고등법원의 일원으로서 법복 귀족 계급에 속했다.

프란체스코회 학교에서 고전어와 고전문학을 배운 후 툴루즈의 대학에 입학한 페르마는 1631년 5월 오를레앙 대학에서 민법 학사학위를 수여받았다. 두 달 후, 그는 외사촌누이인 루이스 드 롱$^{Louise\ de\ Long}$과 결혼하여 두 명의 아들과 세 명의 딸을 낳았다. 그는 툴루즈의 법정에서는 변호사로, 그리고 파리에서는 청원 행정관으로 일했다. 이런 지위는 그의 이름에 사회적 지위의 지표로서 'de'를 이름에 덧붙일 수 있는 명예를 주었다. 고령의 법정 공무원들의 사망으로 인해 페르마는 1638년 조사 변호사라는 신분 상승의 기회를 얻었으며, 1642년에는 형사법원과 대법원으로, 1648년에는 왕의 지방의회로 옮겼다.

5개 국어에 능통한 페르마는, 라틴과 그리스 문헌학에 대한 에세이를 썼으며 라틴어, 프랑스어, 스페인어로 시를 쓰는 것을 즐겼다. 1620년대 후반부터 그가 죽던 1665년 1월 12일까지 개인적인 시간의 대부분을 할애할 만큼 그의 열정적인 관심의 대상이 되었던 것은 바로 수학이었다. 그는 여러 분야의 전문적인 수학자들에게 편지로 그가 한 수학적 발견들을 전했다. 또한 여러 대학의 요청에도 불구하고 연구 결과의 발표를 거절했으며, 생각의 논리적 전개에 대해서도 공식적으로 드러내는 일이 없었다. 그리고 정리에 대한 증명을 어느 누구와도 공유하지 않았다.

그와 서신 왕래를 한 수학자들은 페르마의 아이디어의 많은 부분을 해석 기하학, 확률론, 미적분학과 관련된 자신들의 출간물에 통합시켰다. 정수론에 대한 깊은 연구는 1세기 후에 스위스의 수학자 오일러 Leonhard Euler와 그와 동시대를 함께 한 사람들이 그의 많은 업적을 발견할 때까지, 대부분 진가를 인정받지 못한 채 남아 있었다.

해석 기하학의 탄생

페르마는 1620년대에, 16세기의 프랑스 수학자 비에트의 대수학 연구들을 출간하는 일을 하던 수학자들과 함께 보르도Bordeaux에서 공부를 하며 몇 년의 시간을 보냈다. 같은 시기에 그는 그리스 수학자 아폴로니우스Apollonius가 쓴 고전 기하학 저서인 《*Plane Loci*(평면 궤적)》을 재구성하는 중이었다. 아폴로니우스가 직선과 원을 형성하는 점들의 집합에 대해 새로운 발견을 얻기까지 거쳤던 추론 과정을 다시 재연하기 위해 페르마는 비에트의 새로운 대수적 방법들을 사용했다. 그는 축이라 불리는 수평선을 토대로 한 좌표 체계와 축과 이루는 각이 고정된 크기를 갖는 움직이는 직선을 도입하여, 주어진 임의의 선이나 원 위의 점들의 자취를 묘사하기 위해 두 개의 변수를 사용한 방정식을 만들 수 있음을 알았다. 그리고 단순한 형태를 갖는 이러한 두 개의 곡선에 대해 대수적 방정식과 기하학적 도형을 서로 연결시킬 수 있는 방법을 발견했다.

그는 아폴로니우스의 저서를 재구성하는 일을 마친 후 2년 동안은 좀 더 일반적인 방정식 이론과 그래프 이론을 발전시켜 나갔으며, 'Ad locos planos et solidos isagoge(평면과 입체 궤적의 입문)'이란 논문에서 이 이론들을 설명했다. 이 논문에서 그는 $ax^2+by^2+cxy+dx+ey+f=0$ 형태의 모든 방정식이 직선, 원, 포물선, 쌍곡선, 타원을 묘사한다고 설명했다. 삼차원 원뿔을 평면으로 잘라 얻을 수 있는 포물선, 타원, 쌍곡선의 기하학적 개념을 그대로 유지하면서, 원뿔의 절단면의 세 가지 형태를 의미하기 위해 '입체곡선solid curve'이란 용어를 사용했고, 직선과 원을 의미하기 위해서는 '평면곡선plane curve'이란 용어를 사용했다. 그는 방정식과 기본적인 함수 그래프 사이의 조직적인 연결을 정의함으로써, 해석 기하학으로 알려진 수학의 한 분야의 기초를 다졌다.

1636년 아직 발표하지 않은 두 개의 원고를 파리에 살고 있는 예수회 사제이자 프랑스의 수학자였던 메르센Marin Mersenne에게 보냈

다. 메르센은 프랑스 전 지역의 수학자들과 새로운 발견들에 대해 서신 왕래를 하면서 수학 공동체를 이끌어가는 사람이었다. 이와 같은 시기에 또 다른 프랑스 수학자 데카르트*René Descartes*는 〈*Discours de la méthode bien conduire sa raison et chercher la véité dans les sciences*(정확하게 논거를 제시하고 과학적 진리를 찾는 방법에 대한 논문)〉의 원고와 수학 부록인 〈*La gémérie*(기하학)〉을 마무리 짓는 중이었다.

데카르트의 논문에도 페르마가 설명한 대수학과 기하학을 연관짓는 기술이 동일하게 나타나 있지만 접근 방법에서 두 사람은 현저한 차이를 보였다. 페르마는 대수방정식에서 시작하여 대응하는 곡선을 만들어낸 반면, 데카르트는 곡선에 대한 기하학적인 묘사로부터 곡선의 방정식을 이끌어냈다.

이처럼 독립적으로 각자의 아이디어를 발전시켜 나간 두 수학자 모두 오늘날 방정식과 그래프를 연결 짓는 방법을 도입한 인물로 평가받고 있다. 데카르트의 연구가 좀 더 일반적인 함수들을 다루었고 그의 논문이 출간된 1637년 이후 이런 방법이 널리 알려졌기 때문에, 수학자들은 해석 기하학의 발견과 그의 이름을 더 자주 관련지으며 여전히 x, y좌표 체계를 '데카르트 좌표*Cartesian coordinates*'라고 부른다.

페르마는 이후 15년 동안 계속해서 해석 기하학에 대한 그의 생각들을 발전시켜 나갔다. 〈*La gémérie*(기하학)〉을 읽은 후 데카르트의 곡선에 대한 분류 방법이 불필요하게 복잡하다고 비난하며, $2n$과 $2n-1$차 곡선들은 더 간단한 n차 곡선들의 용어로 이해된다고 제안했다. 이런 비평은 두 수학자들 사이에 격렬하면서도 끊임없는 논쟁을

야기했다.

1643년의 연구 논문인 ⟨*Isagoge ad locus ad superficiem*(표면궤적의 입문)⟩에서, 페르마는 삼차원의 대상을 분석하기 위해 해석 기하학의 방법을 일반화시키는 시도를 했다. 비록 그의 시도가 활용 가능한 수학적 접근으로 완성되지는 못했지만, 그가 제안한 아이디어들은 고차원의 해석 기하학 체계의 성립을 위한 대수적 기초를 제시했다.

1650년 논문 ⟨*Novus secundarum et ulterioris ordinis radicum in analyticis usus*(2차와 고차의 근을 위한 새로운 해석학의 사용)⟩에서는, 한 개, 두 개, 세 개의 변수들을 포함하는 방정식을 각각 점, 곡선, 면에 대응시켰다. 방정식을 여러 개의 변수들의 항으로 분류하고 점들의 자취로 얻어진 차원에 대응시키는 아이디어는 후세의 수학자들이 그와 데카르트가 창안한 기초 이론들을 일반화시키고 또 다른 중요한 개념을 형성하는 데 영향을 미쳤다.

미적분학의 중요한 아이디어들

페르마는 해석 기하학에 대한 아이디어를 발전시켜가면서, 포물선, 쌍곡선, 나선의 그래프를 분석하는 여러 가지 방법들을 고안해냈다. 영국인 뉴턴$^{\text{Issac Newton}}$과 독일인 라이프니츠$^{\text{Gottfried Leibniz}}$가 미적분학으로 알려진 수학의 한 분야를 발견하기 30년 전에, 페르마는 한정된 함수들의 집합에 대상의 주요 개념들을 적용하기 시작했다. 그가 1636년 메르센에게 보낸 첫 번째 편지에는 기원전 3세기의 수학자 아르키메데스가 얻은 나선들에 대한 결과들을 일반화시키는 방법이 제시되어 있다. 형태가 $r=a\theta$인 나선을 가지고 아르키메데스의 연구 결과에 대한 그의 접근 방법을 모델링함으로써, 임의의 양의 정수 n에 대해 좀 더 일반적인 방정식 $r=(a\theta)^n$을 만족하는 나선들과 관련된 면적을 구하는 방법을 개발했다. 또한 이 편지에는 자유낙하 물체의 운동에 대한 그의 생각이 담겨져 있으며 포물선 위의 극대값을 갖는 점을 찾기 위해 그가 고안한 방법을 사용한 두 가지 예가 제시되어 있다.

메르센이 나중에 그 방법에 대한 더 자세한 설명을 요구하자, 페르마는 《*Methodus ad disquirendam maximam et minimam*(극대, 극소를 결정하는 방법)》을 보내 주었다. 여기에는 곡선 위에서 위치가 가장 높은 점과 가장 낮은 점, 현대적인 용어로 극점 또는 극대점과 극소점으로 알려진 점들을 찾는 방법이 설명되어 있다.

페르마는 3세기의 그리스 수학자 디오판토스^{Diophantus}의 방법 'adquality'를 사용하여, 주어진 곡선이 두 점 A와 $A+E$에서 극대값을 갖는다고 가정하고 그 곡선을 분석했다. 그는 이 두 근과 곡선을 나타내는 방정식의 계수 중의 하나를 서로 관련 짓는 방정식으로 만든 후, 그 두 근이 서로 같다고 놓았다. 그런 다음 방정식을 해결하여 유일한 극대값, 또는 극소값을 얻어냈다.

페르마는 이 논문의 마지막 부분에서 극대와 극소를 이용한 방법의 두 가지 응용을 제시했다. 하나는 포물선이나 쌍곡선 위의 임의의 점에서 접하는 직선의 기울기를 구하는 것이고 다른 하나는 잘려진 포물선에서 무게중심을 구하는 것이다. 1638년 데카르트가 페르마의 접선^{tangent}의 방법을 알았을 때, 그는 그 방법이 비논리적이고 사용하는 데 제한적이라고 비평했으나 그것이 자신이 고안한 복잡한 방법보다는 더 효율적이라는 것을 깨닫고는 자신의 의견을 수정했다. 비록 페르마가 분석의 대상을 양의 정수 m과 n에 대해 $y^m = kx^n$과 $x^n y^m = k$ 형태의 곡선들로만 제한을 두었지만, 그의 방법은 모든 함수로 일반화되었고 이것은 접선의 기울기를 구하기 위해 사용되는 미분계수의 현대적 정의와 일관성을 갖는다.

페르마는 이후 25년 동안 미적분학의 부가적인 기술들을 발전시키는 데 큰 역할을 했다. 1643년 쌩 마르탱^{Pierre Brûard de Saint-Martin}에게 보낸 편지에는 오늘날 2차 미분 검정으로 알려진 방법인 어떤 점에서의 곡선의 오목한 상태에 의해 좌우되는 극대나 극소와 같은 극값들을 분류하는 방법이 제시되어 있다.

1646년, 그는 $y^m = kx^n$과 $x^n y^m = k$ 꼴의 포물선과 쌍곡선의 아랫부분의 면적을 구하기 위해 무한 개의 정사각형들의 합을 이용하는 방법을 개발했다. 일정한 폭의 사각형들을 사용하는 대신 사각형들의 변화하는 폭을 결정하기 위해 기하학적인 수열을 사용했으나, 그의 개념은 현대의 적분 이론의 필수적인 아이디어를 담고 있다.

1660년, 페르마는 프랑스의 수학자 안토니 데 라 루베르^{Antoine de La Loubére}가 그의 저서의 부록에 자신이 개발한 곡선의 호의 길이를 구하는 방법을 싣는 것을 허락해 주었다. 페르마의 유일한 정식 출간물은 〈*De linearum curvarum cum lineas rectis comparatione dissertation geometrica*(직선과 곡선의 비교에 관한 기하학 논문)〉인데, 여기에는 그의 이름이 $M.P.E.A.S$와 같이 암호화되어 실려 있다.

1662년 페르마의 법칙으로 알려진 광학 법칙을 유도하기 위해 그는 극대 이론을 사용했다. 그 법칙에 따르면 광선은 공기와 물과 같은 다른 밀도를 갖는 매개물에 의해 반사되고 굴절될 때 가장 짧은 경로를 따라 움직인다. 그는 1637년 그 원리에 대한 데카르트의 최초의 주장을 비난했으나, 자신의 의견에 대해 재고한 다음 논문 〈*Analysis ad refractions*(굴절에 대한 분석)〉을 통해 물리적 법칙에 대한 수학적 기초를 제시했다. 이처럼 물리적 상황에의 미적분학의 적용은 수학의 범위 밖에서 그가 관심을 가졌던 몇 안 되는 이론적인 대상 중 하나였다.

페르마는 미적분학의 모든 핵심적 아이디어들을 개발했으나, 수학자들은 그를 미적분학의 창시자 중 한 명으로 생각하지 않는다. 그는 접선의 기울기와 곡선으로 둘러싸인 부분의 면적이 주어진 곡선의 함수라는 것을 깨닫지 못했다. 또한 미분계수와 적분 사이의 역함수 관계를 표현하는 미적분학의 기본 정리로 알려진 개념을 빠트렸다. 제한된 함수들의 집합을 다룬 비형식적인 원고들은 폭넓게 보급되지 못했으며, 좀 더 일반적인 미적분학의 개념들의 발전에도 큰 영향을 미치지 못했다. 하지만 뉴턴은 접선에 대한 페르마의 아이디어가 자신이 미분계수를 정의하는 데 영감을 주었다고 했다.

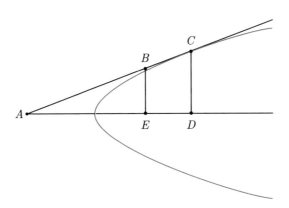

페르마는 포물선에 접하는 직선의 기울기를 구하기 위해 닮은 삼각형들의 변의 길이를 이용하는 방법을 개발했다.

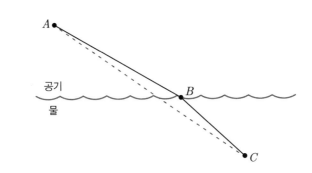

광학에서의 페르마의 원리에 따르면, 공기와 물을 통과하여 다른 속도로 움직이는 빛은 점 A에서부터 점 B에 닿을 때까지 필요한 총 시간을 최소화하기 위해 굴절된 경로를 따라 움직인다.

확률론의 기초

1654년, 프랑스 수학자 파스칼은 페르마에게 편지를 보내 주사위 게임에서 내기에 건 돈을 공정하게 나누는 방법에 대한 그의 의견을 물었다. 그 편지에 적힌 상황에 의하면, 한 도박꾼이 주사위를 여덟 번 던져서 한 번이라도 6이 나오면 이기는 게임을 하고 있는데 세 번을 실패한 상황에서 게임을 중단해야 했다. 파스칼은 이처럼 게임이 중단된 상황에서 어떻게 하면 도박꾼이 내기에 건 돈과 그의 획득 가능한 상금을 공정하게 분배할 수 있는지를 물었다. 페르마는 나머지 다섯 번의 기회에서 나올 수 있는 가능한 모든 결과들을 계산한 다음 그 도박꾼이 그의 내기 상대를 이기는 경우의 수를 구했다. 그는 이 두 수들의 비를 근거로 하여 도박꾼이 내기에 건 돈의 일부를 돌려받아야 한다고 조언했다.

파스칼과 페르마는 6개월이란 짧은 시간 동안 수많은 편지를 주고받으며 여러 게임들을 분석할 수 있는 수학적 방법들을 조직화했다. 그들은 계산 방법의 기초를 다졌으며 서로의 생각을 분석해 줌으로써 점차 확률론의 기본 개념을 체계화시켰다. 1657년 독일 수학자 호이겐스$^{\text{Christiaan Huygens}}$는 자신의 간결하면서도 매우 정교한 소책자《De ratiociniis in lude aleae(주사위 게임에서의 추론)》에 도박 문제와 관련된 그들의 많은 아이디어를 포함시켰다. 이 책은 17세기 후반까지 확률론의 가장 주요한 교재였다. 수학적 기대값과 계산 방법에 관한 페르마와 파스칼의 공동 연구는 1713년 스위스 수학자 베르누이^{Jakob}

Bernoulli가 그의 저서 《*Ars conjectandi*(추측의 예술)》에서 좀 더 형식적인 확률론으로 그들의 방법을 발전시켰을 때 비로소 빛을 발했다.

소수와 가분성에 대한 질문들로 정의된 현대 정수론

페르마의 업적 중 그 성과가 가장 두드러졌던 수학 분야는 바로 정수론이다. 그는 디오판토스, 아폴로니우스, 그 외의 다른 그리스 수학자들의 업적으로 기초를 다지고, 그 학문의 주요 내용들을 다듬어 결국에는 전통적인 정수론을 현대 정수론으로 탈바꿈시킨 새로운 문제들과 결과들을 탄생시켰다. 그리스의 수학자들이 정수와 분수를 모두 연구한 것과는 대조적으로, 페르마는 오직 양의 정수의 성질과 계수가 정수인 방정식의 정수해에만 관심을 두었다.

페르마는 파리에 있는 수학 동료들과 편지를 주고받으면서, 그가 증명했다고 주장하는 정리들, 타당하다고 생각되는 추측들, 흥미로운 생각들을 설명하는 예시들, 그리고 그 분야에서 흥미를 불러일으킬 것이라고 생각되는 도전적인 문제들을 전했다. 다른 수학의 분야에서 그가 보여준 모습과는 상반되게, 정수론에 관한 그의 기록에는 완벽한 증명이 단 하나만 실려 있으며 그가 어떤 결론을 얻는 데 사용한 방법에 대한 힌트가 거의 제시되어 있지 않았다. 그는 정치적 혼란을 겪고 건강도 악화된 1643년부터 1654년까지는 모든 서신 왕래를 중단하고 완전히 독립적으로 정수론에 관한 연구를 계속했다.

정수론에 관한 초기 연구에서 페르마는 양의 정수와 자신을 제외한 약수들의 합 사이의 관계를 주로 다루었다. 어떤 수의 자신을 제외한 약수들의 합을 구하는 공식을 발견했으며, 이 공식을 완전수, 즉 자신을 제외한 약수들의 합과 같은 수를 연구하는 데 사용했다. 그는 20 또는 21자리의 완전수는 존재하지 않음을 증명하여, 모든 크기의 완전수가 존재한다는 굳은 믿음이 모순됨을 밝혔다. 그는 완전수의 개념을 일반화시키면서 120과 672와 같은 자신을 제외한 약수들의 합의 반인 숫자들을 광범위하게 연구했고 자신을 제외한 약수들의 합의 $\frac{1}{3}$, $\frac{1}{4}$, $\frac{1}{5}$인 숫자들을 찾아냈다. 또한 서로 친화적이거나 우호적인 수들의 쌍과 관련된 문제를 연구하여 17296과 18416이 서로 다른 수들의 약수들의 합과 같은 수임을 알아냈다. 프랑스 수학자 메르센은 1637년에 발표한 그의 논문 〈*L'Harmonie Universelle*(우주의 조화)〉에 페르마의 약수에 관한 여러 연구 결과를 실었다.

페르마의 정수론에는 자신을 제외한 약수가 오직 1뿐인 2, 3, 5, 7, 11,……과 같은 소수가 자주 등장한다. 프랑스의 정수론을 이끈 사람 중 하나인 베시[Bernard Frenicle de Bessy]와 주고받은 편지에서, 그는 결국에는 메르센 소수로 알려진 $2^n - 1$과 같은 형태의 소수들에 대한 새로운 결과들을 공유했다. 그는 만약 n이 소수가 아니라면 $2^n - 1$ 또한 소수가 아님을 증명했으며, 또한 n이 정수이면 $2n - 1$의 모든 약수들이 $2mn + 1$꼴이 됨을 증명하고 그 예로 $2 \cdot 3 \cdot 37 + 1 = 223$이 $2^{37} - 1$의 약수임을 제시했다. 뿐만 아니라 메르센 수와 완전수 사이의 관계를 연구하기도 했다.

1640년 프레니클에게 보낸 편지에서는 페르마의 정리 또는 페르마의 작은 정리로 알려진 '만약 a가 정수이고 p가 소수이면, $a^p - a$는 p로 나누어떨어진다'와 같은 중요한 사실을 설명했다. 이 결과는 소수의 연구에서만이 아니라 군론, 방정식 이론, 그리고 현대 수학의 다른 분야에서도 중요한 필수적 원리이다. 그는 이 결과에 대한 증명이 너무 길어서 편지에 적지 못했다고 했는데, 이것은 페르마의 전형적인 습관이었다.

오일러는 1736년 이 결과에 대한 최초의 증명을 제시했으며 1760년에는 그 이론을 일반화시켰다. 그 이후 많은 수학자들이 이 난해한 이론과 관련된 부가적인 독특한 성질들을 발견해냈다.

전 생애에 걸쳐 페르마는 $2^{2n} + 1$꼴의 모든 수들이 소수인지 아닌지를 고심했다. 그는 이런 형태의 처음 다섯 개의 수인 3, 5, 17, 257, 65537은 소수이지만, 이 수열의 다음 수인 $2^{32} + 1 = 4294967297$은 641로 나누어떨어진다는 것을 1732년에 발견했다. 그는 프레니클, 메르센, 파스칼에게 보낸 편지에서

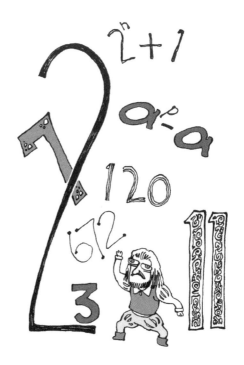

이 추측이 사실이라는 강한 믿음을 드러냈으며, 동시에 증명을 했다는 주장도 했다. 비록 그의 믿음은 틀렸지만 이런 형태의 소수들은 오늘날 그에 대한 존경의 표시로 '페르마의 소수'로 불린다.

거듭제곱의 합으로 수 표현하기

페르마가 정수론에서 남긴 주요 업적 중 하나는 두 수의 거듭제곱과 관련이 있다. 1640년 크리스마스에 페르마는 메르센에게 쓴 편지에서, $4n+1$ 꼴의 모든 소수들은 두 정수의 제곱의 합으로 표현 가능한데 그 방법은 단 한 가지이며, $4n-1$ 꼴의 소수들 중에는 이런 방법으로 표현가능한 수가 전혀 없음을 설명했다. 두 수의 거듭제곱의 합으로 쓸 수 있는 소수의 한 예는 37인데, 이것은 $4 \cdot 9 + 1$과 $1^2 + 6^2$으로 나타내며, 또 다른 예인 73 또한 $4 \cdot 18 + 1$과 $3^2 + 8^2$으로 나타낸다. 이후 그는 몇 년 동안 이 중요한 결과들을 소수와 그것들의 거듭제곱의 다른 성질들을 끌어내는 데 사용했으며, 이 중에는 모든 정수가 네 개의 거듭제곱의 합으로 표현 가능하다는 성질도 포함되어 있다.

앞서 언급했듯이 페르마가 정수론 영역에서 제시한 증명 중 완벽한 것은 단 하나뿐이었는데, 이것은 거듭제곱의 합과 관련되어 있다. 그는 만약 직각삼각형이 정수인 세 변의 길이 a , b , c 를 갖는다면 삼각형의 면적은 완전제곱수가 될 수 없음을 증명했다.

방정식의 형태로 바꾸어 이 정리를 살펴보면, $a^2 + b^2 = c^2$과 $\frac{1}{2}ab = d^2$을 동시에 만족하는 네 개의 정수 a, b, c, d는 존재할 수 없음을 의미한다.

페르마가 그의 친구인 까르까뷔$^{\text{Pierre de Carcavi}}$에게 호이겐스에게 전해 줄 것을 부탁한 1659년 원고 'Relation des nouvelles découvertes en la science des nombres$^{(\text{수의 과학에서의 새로운 발견에 대한 설명})}$'에는 그가 고안한 무한 감소법을 이용한 이 정리의 자세한 증명이 제시되어 있다. 페르마는 주어진 방정식을 만족하는 직각삼각형이 있다면 그 조건을 다시 만족하는 더 작은 직각삼각형을 만들 수 있음을 보인 후, 점점 더 작은 양의 정수들을 찾는 이러한 과정은 무한히 계속될 수 없기 때문에 처음부터 그런 삼각형은 존재할 수 없다는 결론을 내렸다. 그런 다음 이 결과를 이용하여 방정식 $x^4+y^4=z^4$이 정수해를 갖지 않음을 증명했다.

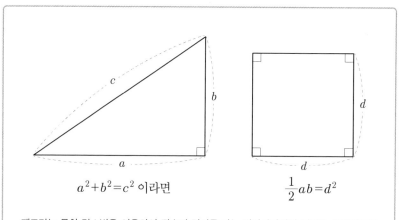

$a^2+b^2=c^2$ 이라면 $\qquad \dfrac{1}{2}ab=d^2$

페르마는 무한 감소법을 이용하여 정수의 길이를 갖는 직각삼각형의 면적은 완전제곱이 될 수 없음을 증명했다. 이 결과를 이용하여 그는 $n=4$에 대한 페르마의 마지막 정리를 증명했다.

1657년 1월, 페르마는 '툴루즈 고등법원에서 왕의 고문관을 맡고 있는 페르마가 제시한 프랑스, 영국, 독일, 그리고 모든 유럽의 수학자가 풀 수 없는 두 개의 수학 문제'란 제목으로 공공연하게 도전 과제를 유포시킴으로써 정수론에 대한 관심을 불러일으켰다. 첫 번째 문제는 자신을 제외한 약수들과의 합이 완전제곱수가 되는 완전세제곱수를 찾는 것이다. 그는 한 예로 7을 제시했는데, $7^3=343$에 그것의 약수들인 1, 7, 49를 더하면 그 결과는 $400=20^2$이 된다. 두 번째 문제는 자신을 제외한 약수들과의 합이 완전세제곱수가 되는 완전제곱수를 찾는 것이다.

정수론에 관심을 갖고 있던 수학자들 중에서도 이와 같은 문제를 해결하는 데 필요한 앞선 기술을 알고 있는 사람은 드물었기 때문에, 이 도전 과제에 대한 반응은 거의 나타나지 않았다. 한 달 후, 페르마는 처음에 제시하지 않았던 다른 예와 명백한 경우인 숫자 1에 대해 방정식이 해를 갖지 않음을 밝혔다. 1657년 2월에는 제곱수가 아닌 임의의 고정된 정수 n에 대해 방정식 $nx^2+1=y^2$의 모든 정수해를 찾는 세 번째 도전 과제를 제시했다.

그는 도전자들에게 약간의 힌트를 제공하기 위해 $3(1)^2+1=(2)^2$과 $3(4)^2+1=(7)^2$을 예로 들었다. 영국 수학자 월리스$^{John\ Wallis}$와 아일랜드 수학자 브로운커$^{William\ Brouncker}$는 연분수를 이용한 방법으로 임의의 정수 r에 대해 $x=\dfrac{2r}{n-r^2}$과 $y=\dfrac{r^2+n}{r^2-n}$을 얻었고, 이것이 유일한 해라고 제안했다. 하지만 페르마는 정수해라는 제한을 두어서 인정할 수 없었고, 두 수학자들은 그와 계속해서 논쟁하려 하지 않았다.

페르마가 증명했다고 주장한 정리들 중 가장 많은 관심이 쏠렸던 것은 '페르마의 마지막 정리'이다. 페르마는 디오판토스의 《*Arithmetica*(산술)》의 복사본의 여백에, $n > 2$일 때 방정식 $x^n + y^n = z^n$이 정수해를 갖지 않는다는 놀랄 만한 증명을 발견했으나 여백이 너무 좁아 그 증명을 적지 못했다는 말을 남겼다. 수학자들은 그가 세상을 떠난 후 5년 만인 1670년에, 그의 아들 클레망-사무엘Clèent-Samuel이 디오판토스의 책에 적은 페르마의 주석을 《*Observations sur Diophante*(디오판토스 책에 적은 기록)》이란 제목의 책으로 출간함으로써 이 주장을 알게 되었다. 1659년 페르마는 호이겐스에게 $n = 4$인 경우에 대한 증명을 보내 주었고 일찍이 다른 수학자들은 $n = 3$인 경우에 대해 그 정리를 증명했다. 하지만 그는 n의 더 큰 값들에 대한 일반적인 증명은 남기지 않았다.

페르마가 그의 공책, 편지, 원고에 적어 놓은 모든 다른 주장들과 추측들이 증명되거나 혹은 반례를 통해 그릇됨이 증명된 이후에도, 페르마의 마지막 정리는 증명되지도 않고 반례가 발견되지도 않은 채 남아 있었다. 18세기가 거의 끝날 무렵까지, 오일러가 1738년에 $n = 3$인 경우에 대한 증명을 했을 뿐이었다. 1825년과 1832년 사이, 프랑스 태생의 수학자 르장드르Adrien-Marie Legendre, 라메Gabriel Lamé, 디리클레Lejeune Dirichlet는 $n = 5, 7, 14$인 경우를 증명했다. 1850년에는 프랑스 수학자 소피 제르맹Dophie Germain과 독일 수학자 쿰머Ernst Kummer가 각각 지수가 소수인 경우에는 그 정리가 모두 참이라는 것을 증명했다. 그리고 마침내 1994년 영국 수학자 앤드류 와일즈Andrew Wiles는 모든

$n > 2$에 대해 페르마의 마지막 정리가 참이라는 것을 보임으로써 그 증명을 완성했다.

결론

페르마가 사망한 후 350년 동안, 수많은 수학자들은 페르마의 마지막 정리와 그가 증명 없이 남겨놓은 다른 주장들과 추측들을 증명하려고 끊임없이 노력했다. 그들은 연구 과정에서 페르마가 도전 문제들에 대해 많은 서신 왕래를 통해 얻고자 했던 것, 즉 수의 일반적인 성질을 폭넓게 탐구하고 그것을 수학의 다른 분야에 응용하는 큰 성과를 이루어냈다.

정리 증명과 더불어 이런 수학자들의 노력은 정수론을 수학의 중요 분야로 성장시켰을 뿐만 아니라 복소수 이론, 대수 기하학, 타원함수 이론, 암호학, 그리고 수학과 과학의 다른 분야의 놀라운 발전을 가져다주었다.

블레즈 파스칼

Pierre Fermat
(1601~1665)

파스칼의 정리를 발견하고 계산기를 발명한 이후에
그는 공기 압력에 관한 실험을 하고 파스칼의 삼각형을 연구했으며,
철학·종교에 대한 논문을 쓰고 사이클로이드를 이용한
적분의 새로운 방법을 발견했다.

확률론의 공동 발명자

수학자이면서 발명가, 과학자, 그리고 작가였던 파스칼은 여러 분야에서 지식의 선구자 역할을 했다. 그는 최초로 상업적인 기계적 계산기를 설계하고 제작했으며, 기압계를 이용한 실험을 통해 공기의 압력과 진공에 관한 유체 정역학 법칙을 발견하기도 했다. 또한 종교, 철학, 윤리학과 관련된 그의 저서들은 비평가들의 찬사를 받을 만큼 훌륭했다.

그의 수학적 업적 중 파스칼의 정리는 사영기하학에 새로운 아이디어를 도입하고, 사이클로이드와 관련된 연구는 새로운 적분 기술을 도입하는 데 큰 역할을 했다. 그리고 파스칼의 삼각형에 대한 분석과 페르마와의 서신 왕래를 통해 얻은 결과들을 토대로 확률론의 기초를 세웠다.

사영기하학의 발견

파스칼은 1623년 6월 19일에 프랑스의 중심지인 오베르뉴^{Auvergne} 지방의 클레르몽페랑^{Clermont-Ferrand}에서 태어났다. 그의 아버지인 에첸느 파스칼^{Étienne Pascal}은 부유한 집안 출신의 법률가였으며, 파리의 수학자들로 구성된 수학 협회의 일원으로 수학의 발전에 큰 관심을 갖고 있었다. 파스칼의 어머니인 앙투아네트 비건^{Antoinette Béone}은 그가 세 살 때 세상을 떠났고, 이로 인해 그의 아버지는 파스칼을 포함한 세 자녀를 혼자서 양육해야 했다. 파스칼은 건강 문제로 자주 고생했기 때문에, 그의 아버지는 그에게 수학을 가르치는 것은 무리라고 생각하여 집안의 모든 수학 책을 치워버렸다.

이런 제약에도 불구하고 파스칼은 12세의 나이에 혼자서 기하학을 공부하기 시작했다. 그가 삼각형의 세 각의 합이 180°임을 증명하자, 그의 아버지는 아들이 뛰어난 수학적 재능을 가졌다고 판단하고 기원전 3세기에 그리스 수학자 유클리드가 쓴 고전 수학책인 《원론》의 복사본을 그에게 주었다. 그 후 2년 동안, 파스칼은 매주 예수회 사제인 메르센의 자택에서 열리는 수학자들과 과학자들의 모임에 참석하기 위해 아버지와 동행했다. 그는 그곳에서 프랑스 수학자 데자르그^{Géard}

Desargues를 만나, 사영기하학의 새로운 분야를 소개한 그의 논문집 《*Brouillon project d'une atteinte aux événemens des rencontres du cône avec un plan*(원뿔과 평면이 만날 때 나타날 수 있는 그림)》의 집필에 참여하게 되었다.

1639년 6월, 16세였던 파스칼은 파스칼의 정리로 알려진 사영기하학의 원리의 개요를 한 페이지로 정리한 문서를 그 모임에 보냈다. 그 문서는 원뿔의 절단면에 내접하는 육각형, 즉 원, 타원, 포물선, 쌍곡선 위의 여섯 개의 점들을 서로 연결하여 만든 여섯 개의 변으로 이루어진 다각형을 다룬 것이다. 사영기하학에서는 표준적인 $x-y$평면에 인접한 무한원점이 존재하여, 항상 그런 육각형의 임의의 두 변은 무한히 연장되며, 그 결과 선들은 한 점에서 만나게 된다. 파스칼은 육각형의 마주 보고 있는 변들끼리 교차하면서 형성된 세 점은 반드시 육각형의 파스칼 직선the hexagon's Pascal line이라 불리는 직선 위에 놓이게 됨을 증명했다. 그는 원뿔 위에 여섯 개의 점을 배열하는 순서를 고려하여 만들 수 있는 서로 다른 60개의 육각형과 그와 관련된 파스칼 직선을 설명하기 위해 'mystic hexagram(마법의 6선형)'이란 용어를 사용했다.

파스칼의 정리는 고전기하학에서부터 19세기 수학자들에 의해 연구된 사영기하학에 이르기까지 그 사이 등장한 수많은 정리들을 서로 연결시켜 주는 매우 의미 있는 성과라 할 수 있다.

파스칼은 내접하는 육각형에 대한 그의 아이디어를 계속 발전시켜 나갔고, 1640년 2월에는 《*Essai pour les coniques*(원뿔에 대한 에세이)》란 책을 출간했다. 이 책에는 파스칼의 정리와 관련된 부수적인 명제들이 소개되어 있고, 그가 계획한 사영기하학에서의 원뿔에 관한 폭넓은 연구의 발전 방향이 대략적으로 제시되어 있다. 이후 몇 년간 그는 정기적으로 이 계획을 실행해 나갔으며, 1654년에는 여러 장[章]으로 된 원고를 작성하였지만 완성된 결과물을 출간하지는 못했다.

그의 원뿔에 관한 미완성 논문의 첫 번째 장은 데자르그의 〈*Brouillon project*(평면과 원추와의 교합에 관한 연구계획 초안)〉보다 훨씬 더 이해하기 쉬운 형식으로 사영기하학에 대한 기초 개념들을 소개하고 있다. 또 다른 장에는 마법의 6선형, 파스칼의 정리, 그리고 그것들의 응용에 대한 면밀한 설명이 제시되어 있다. 또한 고전 그리스 기하학에서 제시된 문제의 해답도 포함되어 있는데, 그 해답들은 프랑스의 수학자 데카르트에 의해 발전되어 온 기하학에 맞설 만한 대안으로서 사영기하학이 갖는 효율성을 입증해 준다.

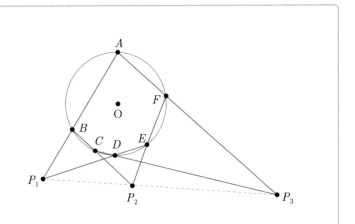

파스칼은 16살 때, 육각형의 여섯 개의 점이 원, 타원, 포물선, 쌍곡선 위에 놓여 있다면 육각형의 마주보고 있는 변들끼리 교차하면서 형성된 세 점은 육각형의 파스칼 직선으로 알려진 직선 위에 놓이게 됨을 증명했다.

덧셈과 뺄셈이 가능한 계산기

1640년, 파스칼은 루앙에서 세무 관리 공무원으로 일하게 된 아버지를 따라 그곳으로 이사했다. 그는 아버지가 하는 일에 수반되는 수많은 연산 과정을 관찰하고는 그 계산 과정의 기계화를 시도했고, 결국 1642년에 톱니바퀴의 움직임을 이용하여 덧셈과 뺄셈이 가능한 기계를 설계했다. 이후 3년간 프랑스의 재무장관인 세귀에르$^{\text{Pierre Seguier}}$의 후원으로 50개의 다른 견본을 가지고 실험했으며, 드디어 1645년에 계산기 파스칼리느^{Pascaline}의 설계를 마친 뒤 제작과 판매를 위한 회사를 세웠다. 1623년에 독일의 천문학자 쉬카르드$^{\text{Wilhelm Schickard}}$도 비슷한 계산기를 발명했으나, 상업적 판매가 이루어졌던 최초의 계산기는 파스칼리느였다.

파스칼은 《*Lettre dédicatoire à Monseigneur le Chancelier sur le sujet de la machine nouvellement inventée par le sieur B. P. pour faire toutes sortes d'opérations d'arithmétique par un movement réglésans plume ni jetons avec un avis nécessaire à ceux qui auront curiosité de voir ladite machine et de s'en servir*(최근에 B. P씨가 고안한 펜을 사용하거나 수를 세지 않더라도 규칙적인 움직임에 의해 모든 연산 수행이 가능한 기계에 대해, 그것을 보고 싶어 하고 작동시켜 보고 싶어 하는 사람들을 위한 조언과 함께 나의 후원자 재무장관에게 바치는 편지)》란 제목의 18페이지짜리 작은 책자에 그 계산기의 작동 방법을 설명해놓았다. 그 책에는 장치의 목적, 활용, 구조에 대한 설명과, 재무장관 세귀에르의 후

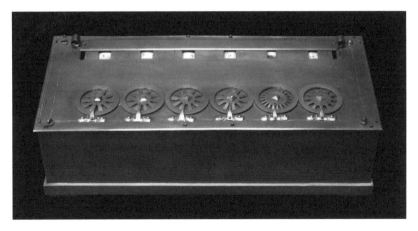

파스칼은 최초로 상업적 판매를 위한 기계적 계산기를 발명했다. 파스칼리느(Pascaline)라 불린 이 기계는 일련의 톱니바퀴로 구성되어 있으며, 여섯 자리까지의 수를 더하고 빼는 데 이용되었다.

원에 대한 감사 그리고 그 기계를 살펴보고 구매할 고객들을 수학자 로베르발Gilles de Roberval의 집으로 초대하는 글이 함께 실려 있었다.

파스칼은 1649년, 왕실로부터 그의 계산기를 독점적으로 제작하고 판매할 수 있는 전매권을 얻었다. 물론 그 계산기의 성능은 수학자, 과학자, 사업가, 그리고 부유한 개인들에게까지 큰 관심을 불러일으켰으나 높은 가격은 상업적 성공에 제약이 되었다.

진공과 공기 압력에 관한 실험

1646년부터 1654년까지 파스칼은 기압과 진공에 관한 실험을 계획하고 실행하는 과학자들의 연구에 참여했다. 1630년대 후반과 1640년대 초반, 이탈리아 과학자 갈릴레이Galileo Galilei와 토리첼리

Evangelista Torricelli는 당시에 과학적으로 입증되지 않아 논쟁이 분분했던 진공의 존재성을 입증하기 위해 다양한 액체를 채운 관을 이용한 실험을 했다. 1646년 10월과 1647년 2월 사이, 파스칼은 그의 아버지와 함께 토리첼리의 실험의 일부를 직접 다시 해 보고 범선의 돛에 40피트 길이의 관을 매단 다음, 그 안에 물과 포도주를 채워 다양한 실험을 해 보았다. 1647년 10월에 이 실험들에 대해 쓴 보고서인 'Expéiences nouvelles touchant le vide(진공에 대한 새로운 실험들)'에서, 그는 그의 연구가 진공의 존재성을 암시해 준다는 결론을 내렸다.

1648년 9월, 파스칼은 다른 고도에서 공기의 압력을 측정하는 실험을 계획했고, 그의 처남인 페리에Florin Périer가 클레르몽페랑과 그보다 더 높은 고도에 위치한 퓌드돔Puy de Dôme의 정상에서 동시에 실험했다. 그 실험을 통해 해수면 위의 고도가 높아질수록 공기의 압력이 감소한다는 사실이 입증되었다.

파스칼은 이 실험에 대해 20페이지짜리 보고서 'Récit de la grande expérience de l'équilibre des liqueurs projetéé par le sieur B. P. pour l'ccomplissement du traité qu'il a promis dans son abrégé touchant le vide et faite par le sieur F. P. en une des plus hautes montagnes d'Auvergne(진공에 관한 보고서의 요약판에서 약속했던 논문의 완성을 위해 B. P가 설계하고 F. P가 오르베뉴의 가장 높은 산 중 한 곳에서 실험한 액체의 평형에 관한 위대한 실험 보고서)'를 썼다. 이 보고서에서 그는 자신의 연구 결과가 데카르트, 메르센느, 그리고 다른 과학자들이 제안했던 이론들을 확인시켜 주는 진공과

공기의 무게의 존재에 대한 과학적 증거를 제시한다고 주장했다.

파스칼은 몇 년간 여러 실험을 한 뒤 그 결과에 기초하여 이론을 수정한 다음, 'Traités de l'éuilibre des liqueurs et de la pesanteur de la mass de l'air. Contenant l'explication des causes de divers effets de la nature qui n'avaient point été bien connus jusques ici, et particuliérement de ceux que l'on avait attribués à l'borreur du vide(액체의 평형과 공기의 질량의 무게에 관

한 논문. 이 시점까지 잘 이해되지 못했던 다양한 자연 효과의 원인에 대한, 특히 자연이 진공을 두려워한다고 생각했던 사람들을 위한 설명)'이란 논문을 썼다. 이 논문에는 유체정역학의 법칙이 자세히 설명되어 있으며 공기 압력의 효과가 묘사되어 있다.

파스칼은 역사적, 그리고 현재 물리학 분야에서 다루어지는 포괄적인 방법들을 모두 제

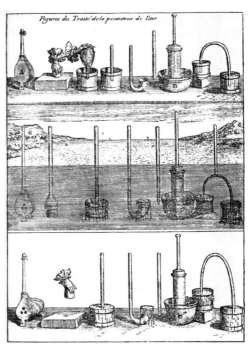

파스칼은 'Traités de l'équilibre des liqueurs et de la pesanteur de la masse de l'air(액체의 평형과 공기의 질량의 무게에 관한 논문)'에서 진공의 원리와 공기 압력의 과학적 이론을 논했다.

시해 주기 위해 자신의 연구 결과와 함께 갈릴레오, 토리첼리, 그리고 다른 과학자들의 업적을 요약하여 함께 실었다. 그는 '진공에 대한 두려움'으로 알려진, 종교적인 입장에서 진공의 존재를 부정하는 이론을 반박하기 위해 정밀한 과학적 절차와 설명을 제시했다.

1654년 완성된 이 논문은 아일랜드의 화학자 보일$^{Robert\ Boyle}$과 다른 학자들이 유체 정역학에서 더 많은 진보를 이룬 1663년까지 발표되지 않았다. 하지만 파스칼의 실험과 초기 저서들은 진공 원리의 이해를 도왔고. 다른 과학자들이 공기 압력에 대한 과학적 이론을 더 많이 발전시키는 데에 기여했다.

확률론의 기초와 산술삼각형

1654년 앙트완 공보$^{Antonie\ Gombaud}$와 메레^{Méré}가 파스칼에게 도박에 관한 여러 가지 문제에 대한 조언을 부탁하자 그는 다시 수학에 관심을 갖게 되었다. 그들이 부탁한 문제들 중 하나는 실력이 똑같은 두 사람이 승부가 나기 전에 게임을 그만두어야 할 때 내기에 건 돈을 어떻게 나누는지에 대한 것이다. 또 다른 문제는 주사위 게임에서 특별한 수의 눈이 나올 가능성에 대한 것이다. 파스칼은 그 문제들을 프랑스 수학자 페르마에게 보냈고, 이후 6개월간의 서신 왕래를 통해 두 사람은 이 문제들과 승부를 가리는 다른 문제들을 분석하는 수학적 기술들을 조직화했다. 그들은 계산 방법의 틀을 마련하고 서로의 생각을 비평했으며, 점차적으로 확률론의 기본 개념을 만들었다.

이처럼 공동으로 연구하는 과정에서, 파스칼은 승부를 가리는 게임에서 특정한 조건이 주어졌을 때 일어날 수 있는 모든 경우의 수를 결정하는 데에 분석의 초점을 맞추었다. 특히 그는 그가 산술삼각형이라고 부른 양의 정수들의 배열에 흥미를 가졌다. 그가 평행열^{parallel rank}과 수직열^{perpendicular rank}이라고 부른 수평열과 수직 행으로 이루어진 그 삼각형의 각 원소는 왼쪽에 있는 수와 그 위에 놓인 수의 합으로 구성되었다. 이와 같은 수들의 삼각형 배열은 13세기 이란의 수학자 투씨^{Nasir al-Din al-tusi}와 14세기 중국의 수학자 주스제^{Chu Shih-Chieh}, 그리고 16세기와 17세기의 유럽의 여러 수학자들의 기록에도 등장한다. 파스칼은 이전의 수학자들이 알아내지 못했던 삼각형을 이루고 있는 그 숫자들 사이의 새롭고 많은 패턴과 관계들을 발견했고, 이것이 오늘날의 파스칼의 삼각형이다.

1654년의 논문 〈*Traité du triangle arithmétique, avec quelques petits traité sur la mère matiére*(산술삼각형에 대한 논문과 같은 주제를 다룬 여러 편의 작은 논문들)〉에서, 파스칼은 그 삼각형의 구조와 여러 가지 성질들을 설명했다. 그는 이전의 수학자들과 마찬가지로, n번째 '기준선^{base}' 또는 대각선 위의 숫자들의 합은 2^n이 되며 이것을 현대적인 표기로 나타냈을 때 $\binom{n}{0}, \binom{n}{1}, \binom{n}{2}, \cdots, \binom{n}{n}$가 되는 이항계수를 형성한다고 설명했다. 또한 이항계수와 양의 정수들의 제곱의 합 사이의 관계를 나타내는 복잡한 공식뿐만 아니라 $\binom{n}{k} \div \binom{n}{k-1} = \frac{n+1-k}{k}$ 와 $\binom{n}{k} \div \binom{n-1}{k-1} = \frac{n}{k}$ 같은 새로운 항등식도 발견했으며, 산술삼각형의 특정한 숫자들끼리의 합을 이용하여 승부를 가

수평열 →									
1	1	1	1	1	1	1	1	1	1
1	2	3	4	5	6	7	8	9	
1	3	6	10	15	21	28	36		
1	4	10	20	35	56	84			
1	5	15	35	70	126				
1	6	21	56	126					
1	7	28	84						
1	8	36							
1	9								
1									

파스칼은 파스칼의 삼각형으로 알려진 산술삼각형의 수평열과 수직열에 놓인 수들 사이의 관계에 대해 연구했다.

리는 게임에서의 다양한 상황에 대한 정확한 확률의 값도 제공했다. 그는 논문의 마지막 절에서, 수학적 귀납법을 사용하여 그가 유도한 공식들이 모든 크기의 숫자들에 대해 적용된다는 것을 증명했다. 파스칼의 논문의 보급으로 인해 이탈리아 수학자 마우롤리코[Francisco Maurolico]가 16세기에 소개했던 이 증명 방법이 대중화되기 시작했다.

파스칼은 한 번도 확률[probability]이란 단어를 사용하지 않았지만, 산술삼각형에 대한 그의 연구와 페르마와 주고받은 편지는 현대 확률 이론의 기초를 다지는 데 매우 중요한 역할을 했다. 그의 산술삼각형에 관한 포괄적이면서 정밀한 논문은 연산과 조합론에 관한 많은 질문과 조직적이고 엄밀한 연구로 형성되었다. 게임이론과 의사결정 이론으로 알려진 현대 수학의 분야는 이 연구에 바탕을 두었다. 독일의 수학자 호이겐스$^{\text{Christiaan Huygens}}$는 1657년에 출간한 소책자 《De ratiociniis in lude aleae(주사위 게임에서의 추론)》에 파스칼과 페르마의 많은 아이디어를 포함시켰는데, 이것은 17세기 후반까지 확률론에 관한 가장 중요한 책이 되었다. 스위스 수학자 베르누이는 1713년 저서인 《Ars conjectandi(추측의 예술)》에서 수학적 기대값과 계산 방법에 관한 그들의 아이디어를 좀 더 형식적인 확률론으로 발전시켰다.

파스칼의 수학적 관심을 되살린 사이클로이드

1654년 11월, 파스칼은 마차 사고 이후 종교적으로 귀의하고 수학·과학 연구를 모두 그만두었다. 그러고는 명상과 종교적 문제, 철학, 윤리에 그의 삶을 바쳤다. 의견이 분분했던 종교적 교수법에 대해 반대 입장을 갖고 있던 그의 친구 앙트완 아르노$^{\text{Antoine Arnauld}}$를 옹호하기 위해 파스칼은 《Lettres écrites par Louis de Montalte à un provincial de ses amis(루이 드 몽탈트$^{\text{Louis de Montalte}}$가 시골의 한 친구에게 보내는 편지)》를 썼다.

1657년에 출간된 18통의 편지로 이루어진 이 책은 아름다운 문장으로 논쟁을 설득력 있게 펼치는 그의 능력이 여실히 담겨져 있다. 또한 그는 개인적인 고뇌, 신에 대한 믿음, 도덕, 윤리, 철학을 담고 있는 글을 여러 편 썼는데, 그가 살아 있는 동안에는 발표되지 않았다.

4년간의 휴식을 마친 후, 파스칼은 1658년에 다시 수학 연구에 몰두했다. 그의 생각을 사로잡은 것은 사이클로이드 또는 룰렛^{roulette}으로 알려진 곡선으로, 직선을 따라 움직이는 원 위의 한 점의 자취를 나타 낸다. 이탈리아 수학자 카발리에리$^{\text{Bonaventura Cavalieri}}$가 최근 소개한 불 가분량의 방법을 이용하여 파스칼은 사이클로이드의 부분과 관련된 다양한 기하학적 문제들의 해결 방법을 개발했고, 적분의 기본적인 기 술들을 사용하여 사이클로이드의 한 단면의 면적과 무게중심을 구할 수 있었다. 또한 사이클로이드를 x축으로 회전시켜 만든 입체의 겉넓 이, 부피, 무게중심을 찾는 방법도 알아냈다.

파스칼은 데통빌^{Dettonville}이란 이름으로 프랑스와 영국의 모든 수학 자들에게 사이클로이드와 관련된 넓이, 부피, 무게중심을 포함한 문제 들을 풀어 보라고 제안했다. 그의 친구였던 로아네^{Roannez} 공작은 정 확한 답을 맞힌 사람에게 상금을 주겠다고 약속했으며, 로베르발은 그 경연에서 심사위원을 맡기로 했다. 두 개의 틀린 답을 받은 후 다른 수 학자들과 여러 통의 편지를 주고받으면서 그 결과에 대해 논의한 파스

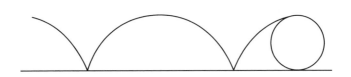

사이클로이드 또는 룰렛이라 불리는 곡선은 원이 직선을 따라 움직이면서 만들어진 원 위의 한 점의 자취이다. 1658년, 파스칼은 다른 수학자들에게 사이클로이드와 관련된 면적, 부피, 무게중심에 관한 세 가지 문제를 도전 과제로 제시했다.

칼은 그 상금이 자신의 것이라고 주장했다.

그는 1659년 2월 수학자들과 주고받은 편지를 네 권의 작은 책자로 엮은 《*Lettres de A. Dettonville contenant quelques—unes de ses inventions de géométrie*(기하학적인 발견을 담은 데통빌의 편지)》를 출간했다. 다른 수학자들의 편지는 파스칼이 좀 더 효과적인 기술을 발전시켜 나가는 데에 많은 도움이 되었고, 이를 토대로 그는 7개월간의 경연 동안 다양한 단편들을 쓸 수 있었다. 120페이지짜리 이 책에는 도전 문제에 대한 그의 해답과 사이클로이드 연구에 사용된 방법, 그리고 나선, 포물선, 타원, 삼각기둥, 원뿔을 다루는 기술들이 설명되어 있다.

폭넓게 보급된 파스칼의 편지들과 도구들은 경연이 진행되는 동안 쟁점이 되었고, 더욱 진보된 형태를 갖추게 되었다. 파스칼은 1658년 10월에 사이클로이드와 관련된 수학적 발견들을 요약하여 《*Histoire de la roulette*(룰렛의 역사)》를 출간했다. 하지만 이 발견에 기여한 수학자들의 업적이 빠져 민족주의와 편견이 담긴 책이라는 비난을 받았다.

《*Lettres écrites par Louis de Montalte à un provincial de ses amis*(루이 드 몽탈트^{Louis de Montalte}가 시골의 한 친구에게 보내는 편지)》에 실은 여러 편의 원고에는 그가 3선^{triline}, 사접면^{onglet}, 보조선^{adjoint}이라고 지칭한 방법을 이용하여 나누어 적분하는 새로운 기술이 소개되었다.

또 다른 계산기 발명가 중 한 사람인 독일의 수학자 라이프니츠^{Gottfried Leibniz}는 이 원고들 중의 하나인 '*Traité des sinus du quart de cercle*(사분원의 사인에 관한 논문)'을 통해, 파스칼의 독특한 삼각형과 여러 다른 아이디어들을 접했고 이를 바탕으로 하여 곡선으로 둘러

싸인 면적과 그 곡선의 접선 사이의 관계를 발견할 수 있었다고 한다.

사이클로이드 문제를 가지고 벌였던 경연이 끝난 후, 파스칼은 급성 소화불량과 만성 불면증이 점점 더 심해져 건강이 악화되었다. 그는 연구를 중단하고 여생을 자선가로 살았다. 1662년 6월, 그는 가난하고 집이 없는 사람들과 자신의 집에서 함께 살기 시작했다. 그리고 그들 중 여러 사람이 천연두에 걸리자 여동생의 집으로 이사를 했고, 두 달 후인 1662년 8월 19일에 39세의 나이로 세상을 떠났다.

여동생은 그의 유품을 정리하다가 서랍에서 명상의 흔적들이 담긴 수많은 종이 뭉치들을 발견해 1669년에 이 원고와 함께 철학, 윤리, 종교와 관련된 파스칼의 기록들을 모아 책으로 출간했다. 이것이 바로 오늘날까지도 높이 평가받고 있는 《*Pensés*(명상록)》이다.

결론

파스칼은 그의 타고난 재능 덕택에 깊이 있는 지식을 지니고 있는 다른 학자들과 어깨를 나란히 하며 여러 분야의 선구자가 되었다. 그가 관심 분야를 자주 바꾸지 않았다면, 아마도 문명 여러 분야에, 특히 수학에 더 큰 기여를 했을 것이다.

파스칼의 정리를 발견하고 계산기를 발명한 이후에 그는 공기 압력과 실험, 파스칼의 삼각형을 연구했으며, 철학·종교에 대한 논문을 쓰고 사이클로이드를 이용한 적분의 새로운 방법을 발견했다. 이 중 수학에서의 두드러진 기여는 페르마와 함께 이룬 확률론의 정립일 것이다.

미적분학, 광학, 중력 연구의 선구자

아이작 뉴턴

Isaac Newton
(1642~1727)

뉴턴은 어떻게 수학과 과학에서
그토록 의미 있는 진보를 이룰 수 있었는지를 묻는 질문에,
자신이 만약 다른 사람들보다 더 멀리 보았다면
그건 자신이 거인의 어깨 위에 서 있었기 때문이라고 답했다.

미적분학, 광학, 중력 연구의 선구자

뉴턴은 수학, 광학, 물리학의 세 분야에서 앞으로 전개되어야 할 연구의 방향을 제시해 주는 의미 있는 발견을 한 인물이다. 그의 유율법은 이전의 수학자들의 연구를 하나로 통합하고 미적분학의 일반적인 이론을 확립하는 데 중심적인 역할을 했다. 또한 프리즘, 렌즈, 반사망원경을 이용한 실험을 통해 광학과 광선 이론에서의 새로운 원리들을 만들었으며, 세 가지 운동 법칙을 체계화하고 만유인력의 법칙을 증명했다. 실험에 대한 그의 주장과 과학적 이론을 뒷받침하는 수학적 기초는 과학 연구에 본질적인 변화를 가져왔다.

뉴턴의 학교 생활

뉴턴은 잉글랜드 링컨셔^{Lincolnshire}의 그랜팀^{Grantham} 부근의 울즈소프 마노^{Woolsthorpe Manor}에서 태어났다. 그 당시 사용한 달력에 의하면, 그의 출생일은 1642년 12월 25일이다. 이 날짜는 현재 사용되는 그레고리력에서는 1643년 1월 4일에 해당하는 것으로, 대부분의 유럽 국가들은 1581년부터 그레고리력을 사용했으나 영국에서는 1752년까지 받아들이지 않았다. 부유한 농장주였던 그의 아버지는 그가 태어난 지 바로 몇 달 후에 세상을 떠났고, 그의 어머니는 뉴턴이 3살이 되던 해에 뉴턴의 외조모에게 그를 맡기고 재혼을 하여 다른 곳으로 떠났다.

외동이었던 뉴턴은 주로 건축 설계도를 그리고 모형을 만들면서 시간을 보냈는데, 그는 생쥐에 의해 움직이는 팔랑개비와 크랭크(왕복 운

동을 회전 운동으로 바꾸거나 그 반대의 일을 하는 기계 장치)에 의해 움직이는 사륜마차도 만들었다. 12살에 그랜담에 있는 왕립 학교에 입학한 뉴턴은 뛰어난 학구적 재능을 보였다. 1656년, 남편을 잃은 그의 어머니는 울즈소프로 돌아왔다. 그녀는 농장 일에는 전혀 소질이나 관심을 보이지 않았던 뉴턴의 학업을 중단시키고 농장 일을 시켰다. 그러나 그는 1660년에 학교로 돌아왔고, 학업을 마칠 때까지 교장 선생님이었던 존 스토크^{John Stokes}와 함께 살았다.

뉴턴은 1661년 6월에 케임브리지 대학의 트리니티 칼리지에 입학하여 법학 공부를 하려고 했지만 철학, 과학, 수학에 강한 호기심을 갖게 되었다. 그는 'Quaestiones quaedam philosophicae(철학적인 질문들)'이라는 제목의 공책에 세 학문에 대한 자신의 생각과 그가 읽은 책들에 대한 생각을 함께 기록했다. 뉴턴은 1664년에 장학생으로 선발되어 석사 학위를 받을 때까지 4년 동안 재정적인 지원을 받았다.

뉴턴은 1665년 4월에 학사학위를 받았지만, 1665년 6월에 페스트의 발발로 인해 대학이 18개월 동안 문을 닫자 울즈소프에서 은둔 생활을 시작했다. 그는 그곳에서 위대한 세 가지 발견, 즉 빛과 중력에 관한 이론, 그리고 미적분학 창안의 근원이 된 수학적, 물리학적 아이디어들을 정리하며 매우 집중적이고 창조적인 시간을 보냈다. 1666년 봄, 그는 광선에 관한 몇 가지 실험을 하기 위해 잠시 대학에 들렀다. 이 기간 동안 그가 남긴 창시적인 업적들의 대부분은 가족 농장에서 이루어진 것이었다.

1667년 케임브리지 대학이 다시 문을 열자, 그는 공부를 계속하기 위해 학교로 돌아왔다. 그는 트리니티 칼리지의 특별 연구원으로 선발되어 해마다 약 60파운드의 장학금을 받게 되었다. 규정상 특별 연구원은 미혼 상태를 유지하면서 학교에 머무르는, 즉 성직자의 신분과도 같았다. 그는 1668년에 석사학위를 받았고, 이듬해 배로우$^{\text{Issac Barrow}}$의 은퇴로 케임브리지 대학의 두 번째 루카시안 석좌 교수로 임명되었다. 교수 임용으로 인해 그는 해마다 100파운드의 추가 수입을 얻었고, 학기 중에는 최소 일주일에 한 번 강의를 하고 해마다 대학 도서관에 최소 10편의 강의 원고를 제출했다.

그의 강의는 시작된 지 15분이 지나면 강의실이 텅텅 빌 정도로 저조한 출석률을 보였지만 그는 16년 동안 충실하게 광학, 대수학, 정수론, 역학, 그리고 중력에 관한 원고들을 작성했다. 또 32년간 특별 연구원과 루카시안 석좌 교수를 지냈다.

무한급수와 일반적인 이항정리

1664~1665년 겨울은 뉴턴이 처음으로 중요한 수학적 발견을 한 때였다. 1656년 영국 수학자 월리스$^{\text{John Wallis}}$는 양의 정수 n에 대해 $y = (1-x^2)n$ 꼴의 곡선의 $x=0$부터 $x=1$까지 아랫부분 면적을 구하는 새로운 방법을 발표했다. 뉴턴은 이 과정을 확장하여 $x=0$부터 임의의 x값까지의 면적에 적용시킴으로써, 그 결과로 만들어진 다항식의 계수들이 프랑스 수학자 파스칼에 의해 연구된 산술삼각형 행들의 각각의 값이라는 것을 알아냈다. 그리고 이러한 이항계수들을 임의의

유리수 n과 양의 정수 k에 대해 다음과 같이 정의했다.

$$\binom{n}{k} = \frac{n(n-1)(n-2)\cdots(n-k+1)}{k(k-1)(k-2)\cdots 1}$$

이와 같은 일반화는 임의의 유리수 n에 대하여 곡선 $y = (1-x^2)^n$의 아래의 면적을, 다음과 같이 무한합의 형태로 나타내는 것을 가능하게 했다.

$$x - \binom{n}{1}\frac{x^3}{3} + \binom{n}{2}\frac{x^5}{5} - \binom{n}{3}\frac{x^7}{7} \cdots$$

오늘날 멱급수라 불리는 무한합은 다른 여러 가지 수학적 개념의 발전에 필수적인 기초가 되었다. 뉴턴은 삼각함수 $\sin(x)$와 $\cos(x)$, 그것들의 역함수인 $arc\sin(x)$와 $arc\cos(x)$, 제곱근을 사용한 함수 $\sqrt{1-x}$ 그리고 자연로그 함수 $\ln(1+x)$에 대한 멱급수도 만들었다. 특히 자연로그 함수의 멱급수를 사용해서 임의의 수의 로그값을 소수 50째 자리 이상까지 정확하게 계산해냈다. 또한 다음과 같은 일반적인 이항정리를 유도했다.

$$(a+b)^n = a^n + \binom{n}{1}a^{n-1}b + \binom{n}{2}a^{n-2}b^2 + \binom{n}{3}a^{n-3}b^3 + \cdots$$

n이 양의 정수인 경우, 그 합은 $n+1$개의 항을 가지며 이것은 그 당시 잘 알려진 공식과도 일치한다. 그리고 n이 유리수나 음수인 경우

그 합은 무한급수의 형태가 되는데, 그는 이를 이용하여 π의 소수 16째 자리까지의 값과 수들의 제곱근과 세제곱근의 값을 원하는 자리까지 정확하게 계산해 냈다. 또한 1669년에 쓴 'De analysi per aequationes

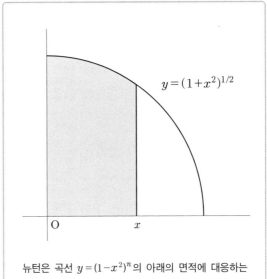

$$y = (1+x^2)^{1/2}$$

뉴턴은 곡선 $y = (1-x^2)^n$의 아래의 면적에 대응하는 다항식을 연구함으로써, 멱급수와 일반적인 이항정리를 발견했다.

numero terminorum infinitas(무한 개의 항으로 된 방정식의 분석)'에서 무한급수와 이항정리를 자세히 설명했다. 배로우는 뉴턴의 원고를 여러 다른 수학자들에게 보냈고 그들은 뉴턴의 혁신적인 생각에 강한 인상을 받았으나, 실제로 그 논문의 완성본은 1711년까지 출간되지 않은 상태로 남아 있었다.

유율법으로 도입된 형식적인 미적분학

뉴턴은 페스트로 인해 대학이 휴교한 1665~1666년에 가장 중요한 수학적 발견을 했는데, 이것이 바로 오늘날 미적분학으로 알려진 유율법이다.

케임브리지에서 수학에 관한 고전과 현대 저서를 읽으며 대부분의 시간을 보낸 그는 면적, 접선, 극대와 극소, 호의 길이, 부피, 무게중심에 관한 최근의 연구들과 친숙해졌다. 그가 책을 통해 접하게 된 연구들은 프랑스에서 데카르트, 페르마, 로베르발, 파스칼에 의해 이루어진 연구, 영국에서 배로우와 월리스에 의해 이루어진 연구, 이탈리아에서 카발리에리와 토리첼리에 의해 이루어진 연구, 네덜란드에서 위데[Johan Hudde]에 의해 이루어진 연구, 그리고 벨기에에서 호이겐스에 의해 이루어진 연구 등이었다. 뉴턴은 그들의 다양한 기술들을 자신의 생각과 종합하여 그가 유율법이라고 부른 포괄적인 미적분학 이론을 구성했다.

1664년 뉴턴은 계산의 첫 번째 단계에서 미분계수 $\frac{f(x+0)-f(x)}{0}$ 의 개념과 그가 0과 동등하게 다루었던 o로 표기하는 무한히 작은 요소를 이용하여 실험했다. 이 개념은 다항식의 곱과 거듭제곱으로 이루어진 대수적 함수의 도함수에 관한 많은 규칙들을 기계적으로 찾을 수 있게 도와주었다. 이후 몇 년 동안 연속적으로 움직이는 물체의 속력을 나타내는 '유율[fluxion](미분계수)'의 좀 더 일반적인 개념 도입을 위해 아이디어들을 수정해 나갔다.

그는 물체의 이동 경로를 시간의 함수로 표현한 2차원과 3차원 형태의 모든 곡선들을 고려한 다음, '변량[fluent]'의 변화하는 비율을 나타낸 것이 그 곡선의 유율이라고 했다. 원래 그는 x, y, z에 대응하는 유율을 나타내기 위해 문자 p, q, r을 사용했다. 그러나 곧 표기법과 용어들을 수정했고 무한히 작은 시간 o이 경과하는 동안 양 x에 의해 나타난 변화량을 '순간^{moment}' $\dot{x}_0$라고두었다.

뉴턴은 1666년 10월에 유율에 관한 그의 생각들을 여러 권의 공책에 기록했다. 좀 더 자세한 설명은 앞서 언급했던 1669년에 쓴 'De analysi per aequationes numero terminorum infinitas(무한개의 항으로 된 방정식의 분석)'에 제시되어 있으며, 1671년의 논문 〈*Methodus fluxionum et serierum infinitarum*(유율법과 무한급수)〉에는 처음으로 미적분학의 완벽한 증명이 등장하고 있다.

그는 이 논문의 출간을 위해 여러 차례 노력했지만, 배로우의 마지막 책이 판매에 실패하여 인쇄업자가 파산한 이후로는 다들 차원 높은

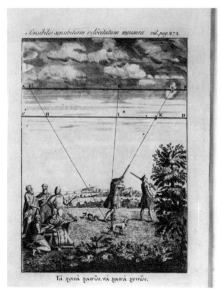

뉴턴은 1671년 논문 〈*Methodus fluxionum et serierum infinitarum*(유율법과 무한급수)〉에서 미적분학에 대한 그의 일반적인 이론을 설명했다. 1736년 번역서에 있는 이 그림은 사냥꾼이 하늘을 나는 새를 향해 총을 쏘는 장면을 묘사한 것으로 미적분학이 가능한 움직임을 분석하는 데 어떻게 이용되는지를 보여 준다(Library of Congress).

수학 연구물을 출간하기 꺼려해 1736년 영국 수학자 콜슨^{John Colson}이 영어로 번역하여 출간할 때까지 인쇄되지 못한 상태로 남아 있었다. 결국 적당한 표기법의 부족과 그의 연구물 출간의 지연 때문에 유럽의 수학 공동체는 그의 혁명적인 미적분학 이론을 매우 늦게 받아들여야만 했다.

이와 같은 유율에 관한 초기 원고들에는 미분과 적분의 계산이 서로 역의 관계에 있다는 사실이 잘 드러나 있다. 이것은 미적분학의 기초 원리로 다른 수학자들이 미처 깨닫지 못했던, 하지만 뉴턴이 최초로 알아낸 중요한 아이디어이다. 'De analysi per aequationes numero terminorum infinitas(무한개의 항으로 된 방정식의 분석)'의 첫 번째 줄에는 곡선 $y = ax^{m/n}$의 아랫부분의 면적이 변량 $\frac{an}{m+n} x^{m+n/n}$에 의해 결정되는 이유를 설명해 주는 적분의 거듭제곱 규칙이 제시되어 있다. 또 그 원고의 뒷부분에는 이항정리를 사용하여 이 새로운 함수의 유율이 원래 곡선의 방정식임을 증명한 것이 소개되어 있다.

⟨*Methodus fluxionum et serierum infinitarum*(유율법과 무한급수)⟩에서 뉴턴이 해결한 첫 번째 문제는 오늘날 음함수 미분법으로 알려진 방법을 사용하여 유율을 계산하는 문제였고, 두 번째 문제는 역으로 각각의 항을 적분함으로써 원래의 방정식을 찾아내는 것이었다. 두 원고 모두 미적분학의 두 가지 기본 연산의 역의 특성을 명쾌하게 보여주고 있다.

'De analysi per aequationes numero terminorum infinitas(무한 개의 항으로 된 방정식의 분석)'과 ⟨*Methodus fluxionum et serierum infinitarum*(유율법과 무한급수)〉에 나타난 일련의 기술들은 뉴턴의 미적분학 이론의 포괄적인 특징을 보여 준다. 그는 부분적이고 고차의 미분계수를 구하는 방법뿐만 아니라 미분계수에 대한 거듭제곱 규칙과 다항식 형태의 함수들의 적분, 각각의 항마다 미분과 적분이 가능하도록 한 선형적인 성질들과 음함수 미분법, 그리고 미분계수에 대한 곱의 법칙을 능숙하게 사용했다. 또한 주어진 유율에 대응하는 변량을 여러 가지 방법으로 구했으며 적당한 대수 함수의 선택을 위한 적분표를 만들었다. 뿐만 아니라 $\sin(x)$, $\cos(x)$, $\ln(x)$와 같은 대수적 함수가 아닌 함수들의 유율과 면적을 무한급수를 사용하여 구하는 방법을 보여 주었다.

뉴턴은 미적분학의 기계적인 과정에 대한 설명과 더불어 다양한 문제 해결을 위해 그것들을 어떻게 적용해야 하는지 제시했다. 그는 곡선의 극대와 극소인 점들을 찾기 위해 그것의 유율을 0이라 두고 방정식을 풀었으며, 또한 유율을 구하고 그 점에서의 값을 계산함으로써 곡선의 임의의 점에서의 접선을 구하는 방법도 제시했다.

이차 미분계수를 이용하여 함수의 곡률을 구하는 방법은 오늘날의 방법과 동일하다. 그는 접선의 기울기를 사용하여 방정식의 근의 근사치를 구하는 뉴턴의 방법으로 알려진 반복적인 알고리즘을 소개했다. 거리, 속도, 가속도를 포함한 활용은 두 논문에 모두 나타나 있으며, 〈*Methodus fluxionum et serierum infinitarum*(유율법과 무한급수)〉에는 나선과 관련된 유율과 면적을 계산하기 위한 극좌표의 개념도 소개되어 있다.

유율에 관한 뉴턴의 원고가 출간되기 전에 독일 수학자 라이프니츠 Gottfried Leibniz는 뉴턴과 동일한 포괄적인 미적분학 이론을 독립적으로 발전시켜 나갔다. 라이프니츠는 1684년에 독일 수학 잡지인 《Acta Eruditorum(학술적인 활동들)》에 'Nova methodus pro maximis et minimis, itemque tangentibus, quae nec fractus nec irrationales quantitates moratur, et singulare pro illis calculi genus(접선뿐만 아니라 극대와 극소에 대한 분수나 무리수 양에도 무리 없이 적용 가능한 새로운 방법, 그리고 이를 위한 독특한 계산법)'이라는 원고를 발표했다. 라이프니츠의 미분계수와 적분의 개념은 뉴턴의 유율과 변량에 해당했다.

하지만 뉴턴의 dx, $\frac{dy}{dx}$, $\int y$와 같은 뛰어난 표기법은 미분, 미분계수, 적분의 개념을 더욱 쉽게 이해하고 다루는 데 도움을 주었다. 뉴턴의 발표되지 않은 원고들을 읽은 영국 수학 단체 회원들은 라이프니츠가 뉴턴의 아이디어를 훔쳐 마치 자신의 생각인 것처럼 발표했다고 비난했다.

미적분학의 창시자가 누구인지를 두고 영국과 유럽의 수학자들 사이에서 벌어진 격렬한 논쟁은 18세기 후반까지 계속되었다. 오늘날에은 뉴턴과 라이프니츠를 독립된 미적분학의 공동 창시자로 인정하고 있다.

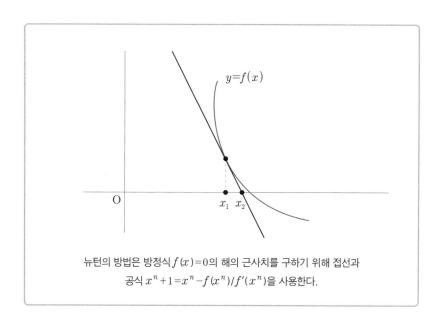

뉴턴의 방법은 방정식 $f(x)=0$의 해의 근사치를 구하기 위해 접선과
공식 $x^n+1=x^n-f(x^n)/f'(x^n)$을 사용한다.

그 이외의 수학 논문

뉴턴이 1667년에 쓴 기하학 논문 〈*Enumeratio linearum tertii ordinis*(3차 곡선의 분류)〉는 1704년 광학에 관한 주요 연구의 부록에 포함시킴으로써 비로소 세상에 공개되었다. 그는 이 논문에서 3차 곡선들을 72종류로 분류했다. 또한 원을 무한 평면에 사영시킴으로써 원뿔의 모든 절단면을 생성하는 방법을 설명했다. 논문의 마지막 절에는 점근선과 교점, 그리고 미분이 불가능한 첨점을 이용하여 더 높은 차수의 평면 곡선을 분석하기 위한 3차방정식의 사용법이 설명되어 있다.

1673년부터 1683년까지, 루카시안 석좌 교수로서 뉴턴이 했던 강의는 대수학과 정수론에 초점을 둔 것이었다. 이 강의 내용은 1707년 《*Arithmetica universalis*(보편적인 연산)》이란 제목으로 출간되었다. 이를 살펴보면 그가 여러 강의를 통해 정수 계수를 갖는 다항방정식의 양의 실수해를 구하는 데카르트의 방법을 일반화하고 있음을 알 수 있다. 좀 더 일반적인 그의 방법을 이용하면 그런 다항식의 모든 유리수 근을 구할 수 있고 허근을 찾을 수도 있다.

1691년에 쓰여진 〈*Tractus de quadratura curvarum*(곡선의 구적법에 관한 논문)〉은 1704년에 발표한 광학 연구물의 두 번째 부록으로 실렸으며 그의 개선된 이론이 소개되어 있다. 그는 함수 y의 1차 미분과 2차 미분을 $\dot{y}$와 $\ddot{y}$로 나타내는 좀 더 편리한 표기법을 사용했다. 또한 처음에 사용했던 무한소의 변화율을 대신하기 위해 소실량의 최대 비율이라는 개념을 소개했는데, 이것은 미적분학 이론에서 극한의 정교한 개념을 최초로 사용한 것이다.

무한급수에 대한 그의 분석을 보면, 미적분학의 발전에 필수적인 요소가 되었던 수렴이란 주제와 또 다른 아이디어에 초점을 두고 있다. 그리고 그는 n번째 미분계수에 의해 n번째 항의 계수가 결정되는 무한급수를 소개했는데, 이 개념은 훗날 영국 수학자 테일러[Brook Taylor]에 의해 더욱 발전되어 오늘날 '테일러급수'로 알려졌다.

1696년, 뉴턴은 스위스 수학자 베르누이[Johann Bernoulli]가 제안한 국제적인 도전 과제에 대한 답을 제시했다. 그 과제는 최속 강하선으로, 수직으로 놓여 있지 않은 중력의 영향을 받는 두 점들 사이의 가장 짧은 경로를 찾는 것이다. 뉴턴은 사이클로이드 곡선, 즉 직선을 따라 움직이는 원 위의 한 점의 자취로 해를 구함으로써 그 문제를 단 하루 만에 해결했다.

베르누이는 잡지 《Acta Eruditorum(학술적인 활동들)》의 1697년 5월호에 자신과 라이프니츠, 그리고 베르누이의 형인 야콥Jacob의 풀이와 함께 뉴턴의 풀이를 발표했다. 이 경연이 끝난 후 뉴턴이 했던 수학적 활동은 이전의 연구들을 수정하는 일과 미적분학에서 발견을 이룬 자신의 우선권을 지키는 일이 대부분이었다.

빛에 관한 새로운 이론

트리니티 칼리지 시절, 뉴턴은 마지막 해에 광학 실험을 시행하고 빛에 관한 새로운 이론을 체계화하기 시작했다. 기원전 3세기경 그리스 철학자 아리스토텔레스에 의해 처음 발표된 일반적인 과학 이론에 따르면 흰색의 빛은 유색의 빛과 본질적으로 다른 단순한 균등질의 실재였다. 이미지의 가장자리 주변에서 색채의 변이가 일어나는 것을 굴절 망원경 렌즈로 관찰한 뉴턴은 그 이론이 잘못된 것이라고 확신했다. 그는 기숙사 방에서 광선을 여러 색의 분광(스펙트럼)으로 분리시키기 위해 광선을 프리즘에 통과시키는 실험을 했다. 이후 여러 해 동안 비슷한 실험들을 통해 흰색의 빛은 다른 형태의 광선들이 외부에서 혼합되어 나타나며 각도를 달리하여 굴절시키면 색의 분광을 만든다는 결론을 내렸다.

1670년 1월, 뉴턴은 루카시안 교수로서의 첫 강의에서 빛에 관한 이론을 소개했다. 그는 색의 일그러짐 없이 이미지를 40배로 확대시켜 보여 주는 반사망원경을 만들어 사용했다. 잉글랜드의 국제 과학 협회인 런던의 자연과학의 발전을 위한 왕립협회the Royal Society of London for the Improvement of Natural Knowledge는 그의 빛에 관한 이론과 반사망원경을 매우 값지게 평가하고 1672년 1월에 그를 회원으로 받아들였다. 그리고 그해 2월에 협회에서 발행하는 잡지《*Philosophical Transactions of the Royal Society*(왕립협회의 철학적 보고서)》에 과학 논설인 '빛과 색에 대한 새로운 이론'을 실었다.

뉴턴은 이 글에서 8년간 시행한 프리즘을 이용한 실험을 자세히 설명하고 빛이 작은 부분들의 움직임으로 구성된다는 빛의 미립자 이론을 제시했다. 이 주장은 빛이 파동에 의해 움직인다는 이론을 제시한 영국 물리학자 후크Robert Hook와의 긴 논쟁의 원인이 되

뉴턴은 햇빛을 프리즘에 통과시키는 실험을 통해, 흰색의 빛은 여러 다른 형태의 광선을 포함하고 있으며 이 광선들을 각각 다른 각도로 굴절시킴으로써 분광을 만들어낸다는 사실을 증명했다.

었다. 비록 그의 미립자 이론은 2세기에 걸쳐 널리 받아들여졌으나, 후크를 비롯한 다른 과학자들과의 논쟁은 뉴턴에게 신경쇠약을 불러왔고 교수로서 그 이상의 과학적 발견들을 발표하지 않게 했다.

1704년 후크가 세상을 떠나자 뉴턴은 그의 광학 연구에 대한 풍부한 설명을 담아 〈Optiks(광학)〉을 출간했다. 그는 빛의 광선, 굴절, 반사, 입사각과 같은 기초 용어들의 정의와 반사와 굴절의 기하학적 성질들에 대한 기본 원리에 대한 설명을 시작으로 하여 그가 했던 광범위한 실험들과 실험 결과로부터 이끌어낸 결론을 자세히 설명했다. 그중에는 프리즘을 사용하여 흰색의 빛을 유색의 광선들로 분리하는 실험 이외에도 렌즈의 사용으로 빛을 휘게 하거나 광선을 통과시키는 매개물의 농도나 두께, 또는 색상을 달리하는 실험도 포함되었다.

그는 사람이 관찰할 수 있는 역학, 무지개 현상, 굴절망원경에 의해 만들어지는 이미지의 일그러짐 현상을 설명했다. 서로 접하는 투명한 두 개의 평면을 가지고 한 그의 실험에서 관찰된, 중심이 같은 고리들은 오늘날 뉴턴 고리$^{newton's\ rings}$라고 불린다. 또한 파동과 빛의 미립자 이론을 사용하여 관찰한 사실들을 설명했다.

그가 내린 결론들이 모두 정확한 것은 아니었지만 그의 빛에 관한 현대 이론과 반사망원경, 수학적인 원리로부터 추론하는 과학적인 방법, 그리고 실험 결과들은 과학의 진보에 큰 영향을 미쳤다.

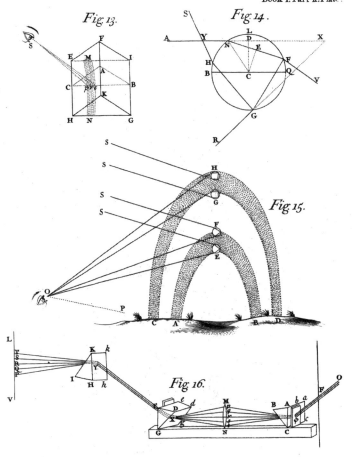

Fig. 13.

Fig. 14.

Fig. 15.

Fig. 16.

1704년 논문 〈Optiks(광학)〉에는 무지개, 아일랜드 섬광석, 프리즘을 통한 굴절 현상과 같은 눈으로 볼 수 있는 현상들이 설명되어 있다(Library of Congress).

운동의 법칙과 만유인력의 법칙

뉴턴은 1664년부터 1666년까지 미분계수와 광학에 관련된 이론들을 개발함과 동시에 운동과 중력을 설명하는 과학적 원리들을 연구했다. 그는 이탈리아 과학자 갈릴레이가 제안한 이론을 수정하고 확장시켜 다음과 같은 운동의 세 가지 법칙을 제시했다.

> 1. 정지된 물체는 정지 상태를 유지하며, 반면에 움직이는 물체는 계속해서 직선으로 운동하는 경향이 있다.
> 2. 힘은 질량과 가속도의 곱과 같다.
> 3. 모든 운동에는 같은 크기를 갖는 반대 방향의 힘이 존재한다.

그는 움직이는 물체를 이용한 많은 실험을 고안하고 그 결과들을 분석하여 다양한 자연현상들이 이런 원리에 의한 수학적 결과임을 명확하게 설명했다. 그의 분석을 통해 운동에 관한 갈릴레이의 생각들이 일반화되고 명백해졌으며, 뉴턴의 운동의 세 가지 법칙은 운동학 원리의 기초 원리가 되었다.

뉴턴의 중력 이론의 발단은 페스트가 확산되어 그가 집에 머무는 동안 우연히 일어난 사건에서 비롯되었다. 나무에서 떨어진 사과가 그의 머리에 부딪쳤을 때 중력 이론의 영감을 얻었다는 일화는 오늘날 유명한 이야기이다. 사과가 지구의 중심을 향해 떨어진다는 것을 깨달은 그는, 지구가 모든 물체를 중심으로 끌어당기는 보이지 않는 힘을 가하고 있다는 것을 이론화했다. 더 나아가 지구의 중력은 달이 궤도를 유지하게 하는 힘이라는 가설을 세웠다. 이탈리아 과학자 코페르니쿠스Nicolaus Copernicus는 달과 행성이 타원 궤도로 움직인다는 이론을 제시했고, 독일 과학자 케플러Johannes Kepler는 행성들의 이런 타원 경로의 움직임을 묘사하기 위해 세 가지 수학적인 원리들을 유도했다. 중력의 끌어당기는 힘에 대한 그의 생각은 그들의 아이디어와 결합하여 지구의 달에 대한 중력의 힘이 그 두 대상 사이의 거리에 반비례한다는 사실을 추론하게 했다. 이 이론은 그의 계산에 의해 뒷받침되고 있다.

1684년, 영국 천문학자 핼리Edmond Halley는 뉴턴에게 그와 후크, 그리고 크리스토퍼 랜 경Sir Christopher Wren이 각자 행성의 타원 궤도가 그 행

성과 타원 사이의 인력의 역제곱과 관련이 있다는 정보를 전해 주었다. 뉴턴은 핼리에게 그 또한 이와 같은 발견을 했고 수학적으로 그것을 증명했다고 말했다. 이후 여러 달에 걸쳐 자세한 설명을 기록한 그는 1684년 11월에 핼리에게 'De motu corporum in gyram(궤도를 갖는 물체의 운동)'을 보냈다. 이 원고에는 인력의 역제곱 법칙이 행성들의 타원 궤도에 어떻게 영향을 주는지 설명되어 있으며, 또한 이 법칙의 결과로 케플러의 행성 운동에 관한 세 가지 법칙을 유도해 놓았다.

뉴턴은 핼리의 격려를 받으며 광범위한 논문 〈*Philosophiae naturalis principia mathematica*(자연철학의 수학적 원리)〉를 탄생시켰고, 이것은 1687년 왕립학회에서 발표되었다. 이 세 권짜리 저서에는 광범위하게 다뤄진 그의 새로운 물리학과 그것의 천문학적 적용이 제시되어 있다. 그중 첫 번째인 'De motu corporum in gyram(궤도를 갖는 물체의 운동)'은 운동의 세 가지 법칙에 대한 수학적 접근을 보여 준다.

그는 대수적으로 $F = G\dfrac{m_1 m_2}{d^2}$ 로 나타낼 수 있는 만유인력의 법칙을 설명했다. 만유인력의 법칙이란, 모든 물체에는 다른 물체를 끌어당기는 힘이 존재하는데 그 힘은 두 물체의 각각의 질량의 곱에 비례하고 두 물체 사이의 거리에 반비례한다는 것이다.

그는 이 법칙을 다양한 상황에 적용함으로써 중력의 힘에 의해 물체는 지구 표면 근처에서는 포물선 경로를 따라 움직이고 더 먼 곳에서는 타원이나 쌍곡선 경로를 따라 움직인다는 사실을 증명했다. 또한 균일한 밀도를 갖는 구면체는 마치 그 구의 중심에 놓인 동일한 질량을 갖는 한 점인 것처럼 인력과 같은 크기의 중력의 힘을 가하고 있다는 사실을 증명했다.

뉴턴은 근본적인 원리의 수학적 기초를 다지면서 운동 이론에 관한 또 다른 결론을 이끌어내기 위한 확고한 기초를 마련했다. 두 번째인 'De motu corporum liber secundus(물체의 운동에 관한 두 번째 저서)'에서는 이러한 아이디어들을 진자의 운동, 기체와 액체의 밀도와 압축, 그리고 유체의 파동의 움직임으로 확장시켰다. 그는 이 결과들을 통해 데카르트의 우주의 소용돌이설에서 중요한 결점을 찾아냈다. 세 번째인 'De systemate mundi(우주의 체계)'에서는 중력에 관한 우주 이론을 태양계에 적용시켰다. 또한 행성의 운동을 관찰하여 행성들의 질량과 상대밀도를 계산하고 그것들의 형태의 불규칙적인 변화를 예측했다. 또한 혜성의 경로를 제시하고 태양과 달의 위치가 만조와 간조의 높이에 어떻게 영향을 주는지 설명했다.

《Principia(프린키피아)》는 뉴턴을 국제적인 과학 선두자로 만들고 이후 100년간의 과학 연구의 방향을 제시해 준 명작이었다. 이 책은 곧 유명해졌고, 과학자들은 정밀하게 입증된 이론들과 수학적 추론과 연관된 실험적인 연구 방법들을 기꺼이 받아들였다.

초판은 300부만 인쇄되었으나 1789년에는 18번째 판이 인쇄되었고 6개국 언어와 70개 이상의 번역판으로 출간되었다. 뉴턴이 《Principia(프린키피아)》를 쓴 이래로 1세기가 지난 후, 프랑스 수학자 라그랑주Joseph-Louis Lagrange는 그 책을 일컬어 인간의 지력의 가장 위대한 성과라고 했으며, 그의 동료인 라플라스Pierre-Simon de Laplace는 천재들의 그 어떤 다른 결과물들보다 높은 가치가 있다고 평가했다.

수학과 물리학 이외의 활동

뉴턴은 수학과 물리학 이외에도 연금술과 신학에 관심을 보였다. 일반 화학물질을 금으로 바꾸는 방법을 발견하려 했던 그는 용광로를 짓고 다양한 혼합 물질들을 이용한 실험을 했다. 연금술 실험과 관련된 출간되지 않은 그의 원고들을 모두 합치면 100만개 이상이 되었다. 예루살렘 교회당의 평면도 복구에 대한 원고를 포함하여 그가 성서의 구절을 분석하여 작성한 원고의 양 또한 그 정도였다. 1733년까지 발표되지 않은 논문인 〈*Observations upon the prophecies of Daniel, and the Apocalypse of St, John*(다니엘의 예언서와 요한 계시록에 대한 의견)〉에는 신학과 관련된 연구들이 담겨 있다.

뉴턴은 1693년에 두 번째 신경쇠약을 겪은 후, 점점 연구 활동을 줄이는 대신 이론에 치우치지 않는 시도를 하는 모습을 보였다. 1689년 처음으로 정치 활동을 시작한 그는, 당시 윌리엄과 메리를 제임스 2세의 법적 후임자로 선포한 의회의 일원이었다. 1696년 영국 조폐국의 관리직을 맡았을 때는 조폐국의 경영 제도를 개편하고 개선했다. 1699년 조폐국의 국장으로 승진하자, 그는 동전의 가장자리를 깎아내고 위조하는 악습을 없애기 위해 좀 더 깊은 부조가 새겨져 있고 가장자리에 여러 개의 홈이 새겨진 새로운 형태의 동전들을 도입했다. 그는 화폐를 주조하는 데 있어서 많은 금액의 수수료를 받게 되었고, 이 때문에 연평균 2000파운드를 버는 부자가 되었다.

그는 1701년에 트리니티 칼리지의 특별 연구원과 케임브리지 대학의 교수직을 모두 그만두었으나, 그동안의 성과로 1703년에는 왕립협회의 회장으로 선출되었고 1705년에는 앤 여왕으로부터 과학적 성과를 인정받아 기사 작위^{Sir}를 수여받았다. 과학자로서 이러한 영예를 안은 사람은 그가 처음이었다. 1727년 3월 20일에 84세의 나이로 세상을 떠난 뒤 국가 영웅으로서 웨스트민스터 사원$^{Westminster\ Abbey}$에 묻혔다.

결론

뉴턴은 어떻게 수학과 과학에서 그토록 의미 있는 진보를 이룰 수 있었는지를 묻는 질문에, 자신이 만약 다른 사람들보다 더 멀리 보았다면 그건 자신이 거인의 어깨 위에 서 있었기 때문이라고 답했다. 그는 일반적인 미적분학 이론, 운동의 법칙, 그리고 만유인력의 법칙을 발전시키는 과정에서 좀 더 일반적인 이론을 체계화하기 위해 자신의 생각을 이전과 동시대 학자들의 생각과 결합시킴으로서 발견들을 통합했다.

실험적인 증거와 수학적인 증명이 뒷받침되지 않는 과학 이론은 설득력이 없다는 그의 주장은 유럽의 과학 공동체를 통해 광범위하게 받아들여졌으며 과학적인 연구에 대한 새로운 기준이 되었다. 그가 고안한 미적분학은 연속함수를 분석하는 중요한 기술로 남아 있으며, 오늘날까지 수학 교육에서 핵심적인 위치를 차지하고 있다.

그의 강력한 통찰력을 입증해 주는 독창적이고 중요한 발견들 덕택에 뉴턴은 항상 아르키메데스, 가우스와 함께 위대한 세 명의 수학자 중 한 사람으로 손꼽힌다.

고트프리트 라이프니츠

Gottfried Wilhelm von Leibniz
(1646~1716)

그에 의해 시작된 수학적 논리 체계와

그가 활성화시킨 2진수 체계는 현대의 모든 컴퓨터에서

사용되는 자료의 저장과 처리를 위한 논리적 기초를 제공한다.

미적분학의 공동 창시자

독서광이었고 다작의 기고가였던 라이프니츠는 수학, 철학, 물리학, 신학 분야에서 선두적인 역할을 했던 유럽의 학자들과 끊임없이 교류했다. 그는 다른 수학자들의 기술과 자신의 아이디어를 종합하여 일반적인 미적분학 이론을 고안했다. 그리고 형식 논리학의 체계를 제시하고 행렬식의 개념을 도입했으며 무한급수를 계산했다.

그는 수학 이외의 분야에서도 두각을 나타냈는데, 우주가 단자^{monad}라고 불리는 기본 단위로 구성되어 있다는 이론을 상세히 설명하고 운동의 현상도 설명했으며 자비로운 신의 존재에 대해 논쟁을 벌이기도 했다.

가족과 교육

라이프니츠는 독일의 라이프치히에서 1646년 7월 1일, 라이프치히 대학의 윤리학 교수였던 아버지 프리드리히 라이프니츠Friedrich Leibniz와 그의 세 번째 아내인 어머니 캐서린 쉬머크Catherina Schmuck 사이에서 태어났다. 그가 6살 때, 아버지는 배다른 두 오누이 와 한 명의 여동생을 남기고 세상 을 떠났다.

라이프니츠는 1653년 부터 1661년까지 라이 프치히에 있는 니콜라 이 학교에서 역사, 문 학, 라틴어, 그리스어, 신학, 그리고 논리학을 배웠다. 그는 아버지 덕 에 자유롭게 도서관을 드나들 수 있어서 여러 분야의 책들을 광범위 하게 접할 수 있었고 이 런 습관은 평생 동안 계 속되었다. 그는 라틴어를 독학으로 공부하여 구교도

와 신교도 작가들의 철학·종교 저서들을 읽을 수 있었다. 그는 졸업할 당시에는 라틴어로 시를 지을 수 있었으며 자신만의 철학적 생각들을 체계화했다.

라이프니츠는 이후 5년 동안 4개의 학사학위를 받았다. 1661년에는 라이프치히 대학에서 라틴어, 히브리어, 그리스어, 수사학 수업을 받으며 고전을 연구하는 2년제 과정을 시작했다. 1663년 논문 〈De principio individui(개체의 원리)〉로 학사학위를 받았는데, 이것은 단자^{monad}에 관한 철학적인 이론의 시초라 할 수 있다. 1663년 여름에 오스트리아의 제나 대학에서 기하학과 대수학 수업을 받으며 고등수학을 처음으로 접하였고 이 경험을 통해 수학적 증명의 중요성을 깨닫게 되었다. 라이프니츠는 1664년 라이프치히로 돌아와 철학 석사학위를 받았고 그 이듬해에는 법학 학사학위를 받았다.

그는 법학 박사학위를 받고 법대 교수로서의 삶을 준비하면서 두 편의 논문을 썼다. 독일의 대학에서 강의하기 위해 준비했던 논문에서 그는 'Dissertatio de arte combinatorial(결합법)'이란 용어를 사용했는데, 이것은 모든 추론과 발견을 숫자, 문자, 소리, 색과 같은 기본 요소들의 조합으로 바꾸려는 시도였다. 결국 그는 이 아이디어를 형식적인 수학 논리의 체계로 발전시켰다. 〈Disputatio de casibus perplexis(까다로운 문제)〉라는 그의 박사학위 논문에는 법에 얽힌 복잡한 사건들이 제시되어 있다. 그러나 라이프치히 대학에서는 그가 너무 어리다는 이유로 박사학위를 수여하지 않아 그는 뉘른베르크에 있는 알트도르프 대학으로 옮겨 1666년 11월에 마지막 학위를 받았다.

왕실의 변호인으로 근무한 라이프니츠

라이프니츠는 박사학위를 받자마자 평생 직업이 된 왕실의 변호인이 되었고, 이 직업은 여행을 하고 공부를 하며 글을 쓰고 국제적인 학자들과 함께 어울리는 것을 가능하게 해 주었다. 그는 알트도르프 대학에서 제안한 법대 교수 자리를 거절하고, 일시적으로 일반 화학물질을 금으로 바꾸는 방법을 찾고자 하는 뉘른베르크의 연금술사 모임의 비서 자리를 받아들였다.

1667년부터 1673년까지는 마인츠의 왕자였던 선제후(로마 제국에서 독일 황제의 선거권을 가졌던 7인의 제후-편집자 주) 요한 필리프^{Johann Philipp}의 다섯 명의 왕실 변호인들 중 수석 변호인으로 일했다. 그는 항소 법원의 법률 고문과 전문 의견 진술인으로서 유권자를 위한 의견서를 작성하고 일반적인 법률 문제를 해결했으며, 유럽 동맹에 속하지 않은 신성 로마제국의 민법 개정을 위한 선거인 프로그램을 개발했다. 또한 유럽 전 지역의 학자들과 서신 왕래를 하고 선도적인 학술 단체들의 비서들과 교류했다. 그는 일생 동안 600명 이상의 동료들에게 15,000통의 편지를 썼으며 이 서신 왕래를 통해 폭넓은 학술 분야의 논제에 대해 논의했다. 뿐만 아니라 외교관 자격으로 파리와 런던을 방문하여 국제적인 학자들을 만나고 지적인 논쟁에 참여했다.

1672년 선제후는 라이프니츠를 파리로 보내어 프랑스의 왕 루이 14세에게 이집트를 정복하여 북아프리카에 식민지를 세우고 수에즈 지협을 가로지르는 운하를 만들자는 제안을 하게 했으나 그 시도는 실패했다. 라이프니츠는 파리에 머무는 동안 수학자 호이겐스^{Christiaan} Huygens, 카르카비^{Pierre de Carcavi}와 친분을 쌓으며 왕립과학협회^{Royal} Academy of Sciences의 다른 회원들을 소개받았으며 수학자 파스칼과 데카르트의 발표되지 않은 논문들을 접하는 기회를 가졌다. 1673년에는 영국과 네덜란드 사이의 평화 협상을 추진하려는 또 다른 외교적 임무를 맡아 런던을 여행하게 되었다. 이 여행에서 다른 과학자들·철학자들과 교류를 맺게 해 준 수학자 펠^{Pell}을 만났으며, 런던의 왕립협회의 회원으로도 선출되었다.

1673년 선제후 요한 필리프가 죽은 후, 라이프니츠는 파리에서 개인 변호 사업을 시작했으나 대부분의 시간을 수학 연구에 할애했다. 1676년부터 1679년까지는 독일의 하노버에서 브런즈윅-뤼네브르크의 군주였던 요한 프리드리히 밑에서 군주의 개인적인 막료, 법률 고문, 사서, 기술 설계의 고문, 궁정 의원, 판사, 조폐국 관리자로 일했다.

그는 군주의 요청으로 풍차에 의해 움직이는 펌프를 설계했는데, 이것은 압축된 공기를 채운 파이프를 이용하여 하르츠 은광에서 물을 끌어올리는 것이었다. 비록 실패로 끝났지만 관찰을 통해 얻은 결과들로 일찍이 지구가 용암 덩어리라는 지질학적인 가설을 세울 수 있었다.

1679년에 요한 프리드리히가 세상을 떠난 다음에는 1680년부터 1698년까지 브런즈윅의 군주가 된 요한 프리드리히의 형제인 에른스트 아우구스트^{Ernst August}를 위해 일했다. 새 군주는 라이프니츠에게 브런즈윅 일가의 제왕으로서의 권리를 뒷받침해 줄 수 있는 계보를 만들어 줄 것을 부탁했다. 그는 이 작업을 위한 조사를 위해 뮌

헨, 비엔나, 로마, 플로렌스, 베니스, 볼로냐, 모데나를 둘러보며 3년간의 유럽 여행을 즐겼다. 비엔나에서는 신성 로마제국의 리오폴드 1세와 함께 경제 · 과학 제도 개혁을 위한 계획에 대해 논의했다. 로마를 방문하는 동안에는 이탈리아의 수학협회인 수리물리학협회Accademia fisicomatematica의 회원으로 선출되었고 바티칸의 사서로 일해 달라는 제의도 받았으나 거절했다. 그는 1690년까지 브런즈윅 혈통의 하나였던 구엘프 가문과 에스테 가문의 조상들 사이의 연관성이 잘 드러난 9권짜리 기록물을 편집했다. 1692년 이 보고서 덕택에 군주는 신성 로마제국의 새로운 황제를 선출하는 투표에 참가할 수 있는 독일의 제후들 중 하나인 선제후의 지위를 갖게 되었다.

에른스트 아우구스트의 군주 자리를 계승한 사람은 조지 루트비히Georg Ludwig로 그는 1698년 브런즈윅의 선제후가 된 인물이다. 그는 라이프니츠에게 브런즈윅 일가의 가족사를 쓰게 했고, 라이프니츠는 일생의 마지막 18년 동안은 이 일을 하며 보냈다. 이 일이 많이 진행되지 않은 상태에서 그에게 또다른 후원자인 브란덴부르그의 선제후의 부인이면서 에른스트 아우구스트의 딸이었던 샤를로테가 나타났다. 그녀는 라이프니츠를 개인교사와 고문관으로 고용하였고 베를린에 학술 협회를 창설하는 임무도 맡겼다. 라이프니츠는 1700년에 브란덴부르그 과학 협회Bradenburg Society of Science를 창설하고 그 협회의 회장이 되었으며 이 협회는 10년 후 베를린의 왕립과학협회l'Acad ie Royal des Sciences et des Belles—Lettres de Berlin의 모태가 되었다.

1712년부터 그는 상트페테르부르크, 러시아, 비엔나, 오스트리아에 비슷한 협회들을 창설하는 일에 참여했다. 조지 루트비히는 1714년에 영국의 왕 조지 1세가 되었으나 라이프니츠에게는 영국 법정에서의 자리를 전혀 마련해 주지 않았고 그 대신 하노버에 남아 가족사 쓰는 일을 마치게 했다. 하지만 라이프니츠는 그 일을 완성하지 못한 채 생을 마감했다.

라이프니츠는 그의 후원자들이 맡긴 다양한 일 덕택에 학자들과 폭넓은 교류를 할 수 있었고 여러 국가의 박식한 동료들과 친분을 맺을 수 있었다. 또한 학술 협회의 활동을 병행할 수 있었고 국제적인 학자들의 최근 연구들을 접할 수 있었다. 이러한 기회들은 그의 독서에 대한 강한 열의와 집중적인 연구에 기꺼이 참여하겠다는 의지와 결합하여 그가 많은 학문 분야에서 의미 있는 이론들과 방법들을 발전시킬 수 있는 기반이 되었다.

일반적인 미적분학의 이론

라이프니츠는 1670년대와 1680년대에 일반적인 미적분학 이론의 발전이라는 그의 가장 위대한 수학적 업적을 남겼다. 1672년 파리를 방문했을 때, 그는 무한급수에 관한 플랑드르 수학자 그레고리Gregory 의 논문과 활꼴의 면적을 구하는 방법에 관한 파스칼의 논문을 읽었다. 1673년에 펠은 무한급수에 관한 최근의 다른 연구 결과들을 그에게 보여 주었으며 호이겐스는 그에게 고등 기하학의 진보된 방법을 가르쳐 주었다. 라이프니츠는 이런 수학적 배경을 바탕으로 접선을 이용하여 곡선 아래의 면적을 구하는 일반적인 방법을 개발했다. 라이프니츠 이전에 파스칼, 페르마, 로베르발, 배로우, 카발리에리, 토리첼리, 그리고 다른 유럽 수학자들은 모두 특정한 종류에 대해서만 곡선 아래의 면적을 구하는 제한된 방법을 고안했다. 접선을 이용한 그의 일반적인 방법은 당시에 알려진 어떤 방법으로든 다루어질 수 있는 모든 경우에 대해서 적용 가능한 적분 방법(구적법이라고도 불린다)의 구성 요소가 되었다.

라이프니츠는 1674년 호이겐스에게 보낸 편지에서 아크탄젠트 함수에 대한 무한급수를 사용하여 그의 적분 방법을 활꼴 내부의 면적, 쌍곡선의 잘려진 부분의 내부의 면적, 사이클로이드 곡선과 관련된 면적을 구하는 데까지 확장시켰다고 알렸다.

채 1년이 지나지 않아, 그는 미적분학의 기본 특징들을 발전시켜 미분계수를 계산하여 곡선 위의 임의의 점에서의 접선의 기울기

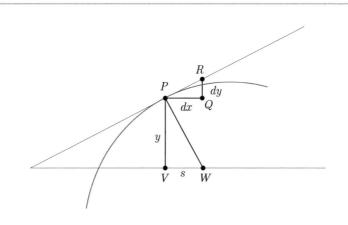

라이프니츠의 미적분학 이론의 중심이라 할 수 있는 접선영(接線影) 방법은 방정식 $\int : \sigma dx = \int : y \, dy$ 로 표현되는 독특한 삼각형 PQR과 이것의 접선영인 선분 VW의 관계에 기초를 둔 것이다.

를 구할 수 있었다. 더 나아가 자신의 적분 방법을 일반화시켜 직사각형들의 무한합을 이용하여 곡선 아래의 면적을 구하기도 했다. 그리고 미분, 미분계수, 적분의 개념을 dx, $\dfrac{dy}{dx}$, $\int y$로 표기하는 방법을 개발했다. 또한 여러 번의 시도 끝에 미분계수에 대한 곱의 법칙 $d(uv)=u{\cdot}dv+v{\cdot}du$을 정확하게 유도해냈다.

같은 해에 그가 알아낸 또 다른 중요한 발견은 미분과 적분 연산 사이의 역의 관계로 이것은 미적분학의 기본 정리로 알려진 법칙이다. 이 중요한 아이디어는 그가 읽은 접선과 면적을 구하는 방법에 대한 그 어떤 글에도 제시된 적이 없던 새로운 것이었다. 그는 이 아이디어를 이용하여 다양한 여러 가지 방법들을 일반적인 미적분학 이론으로 통합시켰다. 1676년 가을까지, 라이프니츠는 모든 정수와 유리수 n에 대한 미분계수의 거듭제곱의 법칙 $d(x^n)=nx^{n-1}$과 순차연산에 적용된 연쇄 법칙을 증명했다. 그는 미적분학에 관한 자신의 모든 생각을 원고로 작성하여 여러 명의 동료들에게 회람시켰지만 출간하지는 않았다.

라이프니츠가 1676년과 1677년 영국 수학자 뉴턴과 주고받은 네 통의 편지를 보면, 라이프니츠는 뉴턴에게 무한급수의 방법에 대한 자세한 설명을 요구했으며 적분에 관한 자신의 연구 결과의 일부를 그와 공유했음을 알 수 있다. 하지만 두 사람 모두 서로가 독립적으로 동일한 미적분학 이론을 개발하고 있음은 알지 못했다.

1664년과 1666년 사이에 뉴턴은 유율과 변량의 방법을 고안했는데, 이것은 라이프니츠의 미분법과 적분법에 해당했다. 뉴턴이 아직 그의 유율법에 관한 어떤 원고도 발표하지 않은 상태였기 때문에 라이프니츠는 그의 연구가 최초이고 혁신적이라는 믿음을 갖고 계속해서 그의 방법을 개발하고 완성해 갔다.

라이프니츠는 1680년대에 독일 수학 잡지 《*Acta Eruditorum*(학술적인 활동들)》에 세 편의 글을 실었고, 이것은 그의 일반적인 미적분학 이론의 형식적인 발표를 의미했다. 1682년 'De vera proportione circuli ad quadratum circumscriptum in numeris rationalibus(유리수 범위에서 이차방정식으로 나타난 원의 넓이)'는 그의 미적분학 체계를 완전하게 드러내지는 않으나 원적을 구하는 그의 방법에 대한 중요한 연구 결과들을 간결하게 요약하여 보여 주고 있다. 2년 후에는 〈*Nova methodus pro maximis et minimis, itemque tangentibus, quae nec fractus nec irrationales quantitates moratur, et* sin*gulare pro illis calculi genus*(접선뿐만 아니라 극대와 극소에 대한, 분수나 무리수 양에도 무리 없이 적용 가능한 새로운 방법, 그리고 이를 위한 독특한 계산법)〉을 출간했다.

이 논문에서는 미분계수를 구하는 방법을 자세히 설명하면서 공공연하게 미분과 그 미분계수를 나타내는 기호 $d(\ )$와 $\frac{dy}{dx}$를 사용했을 뿐만 아니라 'derivative(미분계수)', 'differential(미분)', 'calculus(미적분학)'이란 용어를 도입했다. 그는 미분계수에 대한 거듭제곱의 법칙, 곱의 법칙, 비율의 법칙을 어떠한 증명도 없이 소개하면서 대수함수를 적분하는 방법도 설명했다. 미분계수를 곡선에 접하는 접선의 기울기로 이해하는 것과 같은 기하학적 접근을 통해, 그는 미분계수를 이용하여 곡선의 극점을 찾는 방법과 이차 미분계수를 사용하여 다시 그것들을 극대와 극소로 나누는 방법을 제시했다. 1686년에 발표한 안내서인 《*De geometria recondita et analysi indivisibilium atque infinitorum*(기하학의 비밀과 극소량과 무한량에 대한 분석)》은 적분 계산의 과정과 미적분학의 기본 정리에 대한 설명을 담고 있다. 이것은 'S'를 길게 늘여 쓴 기호 $\int$와 적분을 나타내는 표기인 $\int y\,dx$가 처음으로 소개된 글이었다.

이후 10년 동안 라이프니츠는 더 많은 미적분학 기술들을 개발했다. 1691년까지는 삼각함수 $\sin(x)$와 $\cos(x)$, 자연로그 함수 $\ln(1+x)$, 그리고 그것의 역함수인 지수함수의 무한급수 표현을 찾아냈다. 1693년에는 미정계수법을 사용하여 미분방정식을 해결하는 방법을 발표했고, 2년 후에는 y^x꼴의 지수함수 미분법을 설명했다. 1702년에는 유

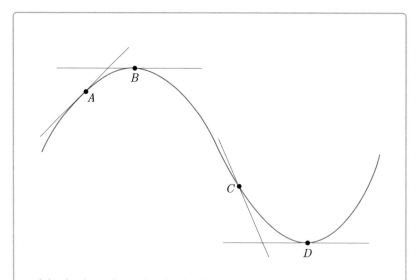

라이프니츠의 중요한 논문에는 미분계수가 접선의 기울기를 나타낸다고 설명되어 있다. 기울기가 양수이거나 음수일 때에는 그래프가 증가하거나(A) 감소하며(C), 기울기가 0 일 때에는 그래프가 최대값(B)이나 최소값(D)을 갖는다.

리함수의 적분법을, 1704년에는 그 방법을 특별한 형태의 무리함수에까지 확장하여 적용했다.

미적분학을 주제로 한 그의 편지와 논문에는 미적분학의 창시자가 누구인지를 두고 영국과 유럽의 수학자들 사이에서 일어난 논쟁이 잘 드러나 있다. 영국 수학자들은 라이프니츠가 뉴턴의 아이디어를 훔쳤다고 비난했으며, 반대로 유럽의 수학자들은 라이프니츠가 우선이라는 주장을 입증하기 위해 그의 다른 표기법, 용어, 그리고 앞선 발표를 강조했다. 1702년에 라이프니츠는 '무한히 작은 양에 대한 미적분학의 정당화'란 글을 썼는데, 이것은 그의 방법을 완벽하게 설명하고 발견을 이끌어낸 사건들의 순서를 명백하게 밝히려는 시도라 할 수 있다. 그 논쟁은 18세기 후반까지 계속되었다. 오늘날의 수학자들은 뉴턴과 라이프니츠를 독립된 미적분학의 공동 창시자로 인정하고 있다.

그 외의 수학적인 발견

미적분학의 발전 외에도 라이프니츠가 수학에 기여한 바는 상당히 크다. 1670년대 초 톱니바퀴와 태엽의 상호작용을 이용하여 덧셈, 뺄셈, 곱셈, 나눗셈과 제곱근 계산이 가능한 계산기를 설계했다. 그는 1672년에는 미완성 모델을 만들었고, 1673년에는 런던의 왕립협회 모임에서 공개했다. 하지만 그는 자신의 설계가 유용하다기보다는 지나치게 앞서 있다는 것을 실감하고는 곧 다른 곳으로 관심을 돌렸다. 1774년 한[P. M. Hahn]에 의해 제작된 최초의 실용 계산기는 실질적으로 라이프니츠의 설계에 기초했다.

1774년, 복소수 계산을 연구하던 라이프니츠는 $\sqrt{1+\sqrt{-3}}$ +

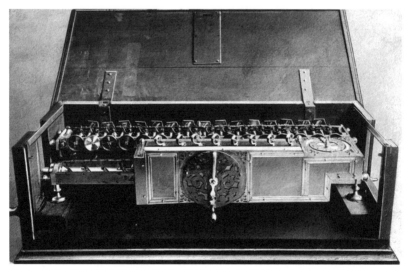

라이프니츠는 덧셈, 뺄셈, 곱셈, 나눗셈, 제곱근 계산이 가능한 계산기를 고안했다(The Image Works).

$\sqrt{1-\sqrt{-3}}=\sqrt{6}$ 과 같은 식을 발표했다. 그는 식의 양변을 제곱한 다음 일반적인 연산 규칙들을 적용하여 식의 타당함을 보여 주었다. 그리고 이 결과를 일반화시켜 $\sqrt{a+\sqrt{-b}}$ 와 $\sqrt{a-\sqrt{-b}}$ 와 같은 한 쌍의 켤레복소수 표현의 합이 항상 실수가 된다는 것을 추론했다.

라이프니치의 미적분학에 관한 초기 연구는 무한급수의 연구와 밀접한 연관이 있다. 1775년 삼각수들의 역수의 무한합에 대해 다음과 같은 독창적인 결과를 제시했다.

$$S = \frac{1}{1} + \frac{1}{3} + \frac{1}{6} + \frac{1}{10} + \frac{1}{15} + \cdots + \frac{1}{n(n+1)/2} + \cdots$$

그 식의 양변을 2로 나누면 각각의 분수들은 다음과 같이 두 개의 더 간단한 분수들의 차로 표현된다는 사실을 알았다.

$$\frac{S}{2} = \frac{1}{2} + \frac{1}{6} + \frac{1}{12} + \frac{1}{20} + \frac{1}{30} + \cdots + \frac{1}{n(n+1)} + \cdots$$

$$= \left(1 - \frac{1}{2}\right) + \left(\frac{1}{2} - \frac{1}{3}\right) + \left(\frac{1}{3} - \frac{1}{4}\right) + \left(\frac{1}{4} - \frac{1}{5}\right) + \left(\frac{1}{5} - \frac{1}{6}\right) + \cdots$$

$$+ \left(\frac{1}{n} - \frac{1}{n+1}\right) + \cdots$$

그는 이웃한 항끼리 계산하여 없어지도록 항을 다시 묶으면 그 결과가 $\frac{S}{2}=1$ 또는 $S=2$가 됨을 보였다. 그 이듬해에는 $\frac{1}{4}$ 원의 면적을 적분하여 $\frac{\pi}{4} = 1 - \frac{1}{3} + \frac{1}{5} - \frac{1}{7} + \frac{1}{9} - \frac{1}{11} + \cdots$ 이란 결과를 얻었는데, 이것은

초월수 π의 값이 모든 홀수인 정수들의 결합으로 표현된 것이다.

라이프니츠는 연립 일차방정식으로 표현 가능한 경우에 대해, 그 연립방정식이 해를 갖는지 결정하기 위해 새로운 표기법을 도입했다. 그는,

$$10+2x+3y=0$$

$$13+7x+5y=0$$

$$15+x+4y=0$$

과 같은 일반적인 형태의 방정식들에 대해 두 번째 방정식의 0차 계수(13)를 2_0로 세 번째 방정식의 두 번째 변수의 계수(4)를 3_2로 표기했다. 그는 이러한 표기법을 사용하여 연립방정식이 해를 갖기 위해 계수들이 만족해야 하는 조건을 식으로 나타냈다. 식 $1_0 \cdot 2_1 \cdot 3_2 + 1_1 \cdot 2_2 \cdot 3_0 + 1_2 \cdot 2_0 \cdot 3_1 = 1_0 \cdot 2_2 \cdot 3_1 + 1_1 \cdot 2_0 \cdot 3_2 + 1_2 \cdot 2_1 \cdot 3_0$ 현대적 의미로 볼 때 행렬식이 0이라는 조건과 같다. 행렬식에 대한 그의 혁신적인 연구는 1684년에 완성되었으나 1850년까지 발표되지 않았다.

라이프니츠는 2의 거듭제곱의 합으로 수를 표현하기 위해 오직 0과 1이라는 기호만을 사용하는 연산의 2진수 체계를 실험했다. 이 2진수 표기법으로 나타낸 1101과 1011은 각각 다음을 의미한다.

$$1 \cdot 2^3 + 1 \cdot 2^2 + 0 \cdot 2^1 + 1 \cdot 2^0 = 8 + 4 + 0 + 1 = 13 과$$

$$\text{분수값 } 1 \cdot 2^1 + 0 \cdot 2^0 + 1 \cdot 2^{-1} + 1 \cdot 2^{-2} = 2 + 0 + \frac{1}{2} + \frac{1}{4} = 2\frac{3}{4}$$

라이프니츠는 그의 2진수 체계에 대해 1은 자신의 혼을 담아 무에서 만물을 창조한 신을 나타낸다는 신학적인 해석을 달았다.

1701년의 논문 〈*Essay d'une nouvelle science des nombres*(새로운 수의 과학에 대한 설명)〉에서는 2진수 표기법에 대한 그의 아이디어를 자세히 설명했는데, 그 논문은 왕립과학협회의 회원으로 임명받을 때 제출했다. 20세기의 수학자들은 연산의 2진수 체계를 오늘날 컴퓨터에서 모든 정보를 표현하는 수단으로 더욱 완벽하게 발전시켰다.

미적분학 이외의 라이프니츠의 가장 의미 있는 수학적 업적은 논리학에서 이루어졌는데, 그는 모든 논리적 증명을 기호로 바꾸는 추리대수의 발전을 꾀했다. 1666년 논문 〈*Dissertatio de art*(조합 예술에 관한 논문)〉에서 그는 그러한 형식적인 논리 체계를 이끌어낸 일반적인 특징들에 대한 아이디어를 도입했다. 또한 몇 가지 기초적인 개념들을 나타내는 일반적인 기호들을 개발하고 조합하여 논리적인 연산을 만들어냈다. 그 논리 체계에서 참^{truth}과 오류^{error}는 계산의 정확성과 관련되며, 동시에 일반적인 계산은 새로운 발견을 이끌어낸다.

라이프니츠는 1679년에 항등식, 공집합, 논리곱, 부정의 개념을 고안하고 집합의 포함관계에 대해 어느 정도 성공적인 결과를 얻었으나 1701년까지 공개하지 않았다. 19세기 영국 수학자 불$^{\text{George Boole}}$은 라이프니츠의 아이디어를 이용하여 복잡한 문장을 더욱 간단하게 나타내는 'and', 'or', 'not', 'implication(관계)'와 같은 논리적 연산을 사용하는 불대수를 고안했다.

철학, 역학, 신학

라이프니츠는 수학 이외의 여러 분야에도 관심을 가진 학자였다. 그는 철학, 역학, 그리고 신학과 관련된 수많은 이론을 발표해 그 분야에서 뛰어난 학자들의 관심을 끌었다. 1714년 논문 〈*Monadologia*(단자의 체계)〉에는, 모든 물체들은 단자라고 부르는 수많은 작은 단위들로 구성되어 있어 그 단자들의 상호작용으로 물리적이고 영적인 세계의 모든 양상이 설명 가능하다는 이론이 제시되어 있다. 1680년대에는 구교와 신교의 통합을 위해 신학에 관한 의견을 발표하고 하노버에서 열린 두 번의 회의의 개최를 도왔다.

1710년 논문 〈*Essais de théodicé sur la bonté de Dieu, la liberté de l'homme et l'origine du mal*(신의 은혜, 인간의 자유, 악의 기원에 관한 신학적인 에세이)〉에서 그는 자비로운 신의 존재에 대해 논하고 불완전한 세계에서의 악의 존재를 거론했으며, 이성과 신앙이 양립할 수 없다는 낙관론자들의 주장에 대한 생각을 밝혔다. 그리고 1619년에는 역학에 관한 두 권짜리 논문 〈*Essay de dynamique*(역학에 관한 에세이)〉와 〈*Specimen dynamicum*(역학적 표본)〉을 발표했는데, 여기에는 운동에너지, 위치에너지, 그리고 그의 미적분학 이론에 의해 뒷받침되는 과학 용어인 운동량에 대한 설명이 제시되어 있다.

지식인들의 국제적인 공동체에 열성적으로 참여하며 긴 삶을 산 라이프니츠는 관절염, 통풍, 복통으로 고통받다가 1716년 11월 14일에 조용히 생을 마감했다. 그러나 그가 설립을 돕거나 회원으로 등록되어 있던 협회들 중 공식적으로 그의 부고를 발표한 협회는 단 하나도 없었다. 또한 그의 장례식에는 그가 일생을 바쳐 일한 왕실 법정의 의원들도 전혀 참석하지 않았다.

결론

라이프니츠가 창안한 수학과 관련된 혁신적인 아이디어들은 수학, 과학, 공학에 매우 깊은 영향을 미쳤다. 라이프니츠와 뉴턴이 창안한 미적분학은 모든 과학적인 분야에서 연속함수를 분석하는 중요한 기술로 남아 있으며 여전히 학부 학생들의 수학 교육에서 핵심적인 교과목의 위치를 차지하고 있다. 그에 의해 시작된 수학적 논리 체계와 그가 활성화시킨 2진수 체계는 현대의 모든 컴퓨터에서 사용되는 자료의 저장과 처리를 위한 논리적 기초를 제공한다. 또한 행렬식의 개념은 선형대수와 방정식의 해결에 있어서 결정적인 역할을 하고 있다.

레온하르트 오일러

Leonhard Euler
(1707~1783)

오일러의 연구는 삼각법, 미적분학, 정수론,
그리고 수학의 다른 발전된 분야들에 많은 영향을 주었다.
그의 발견들과 이론들은 변분법, 미분방정식, 복소함수 이론,
그래프 이론, 환 이론, 그리고 특별한 함수들과 관련된
이론들을 포함하는 새로운 수학 분야의 기초를 다지는 데 바탕이 되었다.

18세기 수학의 선구자

오일러는 인생의 대부분을 시각 장애인으로 살았지만 18세기에 가장 영향력 있는 수학자였다. 그는 이론 수학자로서 대수학, 기하학, 미적분학, 정수론 분야에 상당히 의미 있는 많은 업적을 남겼으며, 또한 응용 수학자와 과학자로서 역학, 천문학, 광학, 조선학 분야에서 중요한 발견을 이루어냈다. 오일러의 혁신적인 아이디어는 그래프 이론, 환^{ring} 이론, 변분법, 조합적 위상 기하학과 같은 새로운 수학 분야의 탄생을 가져왔다.

학창 시절, 1707~1726년

오일러는 1707년 4월 15일 스위스의 바젤에서 신교 목사인 폴 오일러$^{Paul\ Euler}$와 목사의 딸인 마가렛 브루커 오일러$^{Margaret\ Brucker\ Euler}$ 사이에서 태어났다. 오일러의 부모는 아들이 목회자가 되기를 원했지만, 그는 수학을 연구하는 삶에 더 큰 매력을 느꼈다. 어렸을 적 그는 숫자표와 긴 시, 유명한 사람들의 연설을 외우고, 긴 연산을 암산으로 계산했다. 그의 부모는 그의 뛰어난 능력을 발견하고 그를 더 좋은 학교에 보내기 위해 바젤에 있는 할머니와 함께 살게 했다.

1720년 13살의 오일러는 바젤 대학의 입학 허가를 받았다. 그곳에서 그는 자신의 아버지와 바젤 대학에서 함께 공부했던 수학자 베르누이를 만났다. 오일러는 그의 수업을 들은 적은 없었지만, 베르누이는 오일러가 읽을 만한 수학책을 골라 주고 풀 만한 문제들을 소개해 주었다. 오일러는 매주 토요일 오후에 베르누이를 찾아가 그가 이해하지 못한 부분을 함께 의논했고, 베르누이는 이 어린 학생의 수학적 재능을 발견하고 격려해 주었다.

바젤 대학에서 철학을 전공한 오일러는 여러 과목을 폭넓게 공부했지만 항상 수학에 깊은 관심을 갖고 있었다. 그는 이전 세대의 가장 위대한 수학자들인 데카르트와 뉴턴의 철학적 저서들의 비교를 학위 논문의 주제로 삼았다. 오일러는 이후 4년 동안 대학과 대학원 과정을 모두 마치고 1722년과 1724년에 각각 철학 학사학위와 철학 석사학위를 받았다. 17세가 된 오일러는 부모님의 뜻에 따라 목사가 되기 위해 신학교에 들어갔다. 하지만 그는 그곳에서 히브리어, 그리스어, 신학을 배우는 동안에도 베르누이를 만나 수학 공부를 계속했다. 결국 베르누이는 오일러의 부모를 만나 그가 목사보다 수학자로서 훨씬 뛰어난 재능을 지녔다는 것을 납득시켰다.

베르누이의 지도를 받으며 연구에 전념한 오일러의 최초의 수학적 발견은 두 종류의 곡선의 집합에 관한 새로운 성질과 관련된 것이었다. 그는 처음 두 연구 보고서에서 아이디어를 설명했는데, 하나는 1726년에 잡지 《*Acta Eruditorum*(학술적인 활동들)》에 실린 'Constructio linearum isochronarum in medio quocunque resistente(저항력이 있는 상태에서 생기는 곡선들의 구조)'이고 또 다른 하나는 1727년 같은 잡지에 실린 'Methodus inveniendi trajectorias reciprocas algebraicas(대수적 상호 궤도를 찾는 방법)'이다. 2년 동안 집중적인 연구를 한 후, 오일러는 바젤 대학에서의 연구를 마쳤다.

상트페테르부르크 학술원에서의 생활, 1727~1741년

오일러는 대학 생활을 하는 동안, 자신보다 7살이 많은 베르누이의 아들 다니엘(Daniel)과 친구가 되었다. 1725년 다니엘 베르누이는 상트페테르부르크 과학 학술원의 수학과 학과장이 되어 러시아로 떠났다. 그곳은 러시아의 통치자였던 표트르 대제[Peter the Great]의 아내인 여왕 캐서린 1세가 수학과 과학 연구를 위해 1723
니엘 베르누이는 그 학술원에서 오일러가 교수로 오
썼으며, 그 덕택에 오일러는 19세의 나이에 의학과으
서 응용수학을 가르치는 교수가 되었다.

1727년 학술원 생활을 시작하기 위해 상트페테.
부르크에 도착한 오일러는 수학과와 물리학과로

전임하라는 통지를 받았다. 그는 베르누이의 집에서 몇 년간 머무는 동안 활발하게 수학에 대해 의논하며 지냈다. 그는 학술원에서 받은 적은 수입을 충당하기 위해 4년 동안 러시아 해군에서 의학 부관으로 일하기도 했다.

상트페테르부르크에서 첫 해를 보내는 동안, 오일러는 파리 과학 협회Parisian Academy of Sciences가 후원하는 경연대회에 참가했다. 참가자들은 범선의 돛대를 배열하는 가장 효과적인 방법을 찾아야 했다. 오일러는 이 시험에서 2위를 차지했고, 이것은 그가 일생 동안 받은 12개의 상 중 첫 번째 상이었다.

오일러는 1730년에 상트페테르부르크 학술원의 물리학 교수로 임명되었으며, 3년 후 다니엘 베르누이가 다른 대학의 교수직을 얻어 스위스로 떠났을 때에는 26세의 나이로 수학과 학과장이 되었다. 1734년에는 스위스 화가의 딸인 카타리나Katharina Gsell와 결혼하여 러시아로 이사했다. 그와 카타리나는 40년 동안 함께 살면서 13명의 아이를 낳아 길렀다. 아이들과 함께 시간을 보내고 책 읽어 주는 것을 즐겼던 오일러는 아이를 팔에 안고 수학 연구를 하며 저녁 시간을 보냈다. 불행하

게도 오일러의 아이들 중 8명은 그 당시 다른 아이들과 마찬가지로 유행병으로 인해 매우 어린 나이에 세상을 떠났다.

오일러는 1735년, 그를 유럽 전 지역의 유명 인사로 만든 수학적 발견을 이루어냈다. 바로 분수들의 합 $1+\frac{1}{4}+\frac{1}{9}+\frac{1}{16}+\frac{1}{25}+\cdots$을 계산하는 방법을 알아낸 것이다. 이 무한급수는 $1+\frac{1}{2^2}+\frac{1}{3^2}+\frac{1}{4^2}+\frac{1}{5^2}+\cdots$이기 때문에 간단히 $\sum\frac{1}{n^2}$이라고 적을 수 있다. 바젤 대학의 교수였던 요한 베르누이의 형 야곱이 그 문제를 발표하며 모든 수학자들에게 해결해 보라고 요구했기 때문에 이 문제는 바젤 문제라고 알려졌다. 90년 동안 이 문제에 대해 수학자들이 고민한 결과 항이 무한개이지만 그 합은 2를 넘지 않고 1.64에 매우 가까운 값이라는 사실을 알아냈다. 오일러는 그 합이 정확히 $\frac{\pi^2}{6}$으로 약 1.644934라는 것을 밝혔는데, 그의 증명은 무한곱과 무한합에 대한 결과들을 삼각함수 $\sin(x)$의 성질과 결합시켰기 때문에 논리학과 수학의 명작이라고 평가받았다. 또한 그는 이 문제에 대해 연구하는 동안 분모의 지수가 4, 6, 8, 10, 12인 경우의 무한합에 대해서도 정확한 답을 구해냈다.

그는 바젤 문제를 해결한 후 더 많은 수학적 발견을 했고 이에 대한 논문을 작성하여 상트페테르부르크 학술원에서 출간하는 수학 잡지에 기고했다. 그러나 그는 너무 많은 논문을 쓰는 바람에 그 잡지의 어떤 호에는 그의 기사가 반이나 되는 경우도 있었다. 그는 훗날 그 잡지의 편집장이 되었다. 상트페테르부르크 학술원은 정부에 의해 운영되었기 때문에 정부와 군대의 다양한 부분에서의 고문 역할이 교수로서의 책무 중 하나였다. 그는 잡지를 편집하고 연구하며 학생들을 가르치는 것외에도 러시아 해군을 위한 지도 제작을 도왔고 소방펌프의 설계를 시험했다.

학술원 동료 중 한 사람이었던 골드바흐$^{Christian\ Goldbach}$는 오일러를 그의 정수론 연구에 합류시켰다. 비록 나중에 골드바흐는 상트페테르부르크 학술원을 떠나 모스크바 대학으로 갔지만, 오일러와 자주 편지를 주고받으면서 평생 동안 친밀한 관계를 유지하며 서로의 연구에 협조했다.

1732년, 오일러는 100년 전에 수학자 페르마가 주장했던 것을 증명함으로써 정수론에서 첫 번째 성과를 얻었다. 페르마는 정수론 분야에서 가장 유명한 수학자였고 비록 스스로 증명을 발표하지는 않았지만 그의 수학적 주장은 대개 정확했다. 페르마는 양의 정수 n이 2의 거듭제곱이면 2^n+1은 소수라는, 즉 그 수가 1보다 큰 두 개의 정수의 곱으로 인수분해될 수 없다는 주장을 했다. 오일러는 $2^{32}+1=4{,}294{,}967{,}297$은 $(641)(6{,}700{,}417)$로 인수분해되기 때문에 소수가 아님을 보였다. 이 문제에서 이룬 성과는 오일러의 정수론에 대한 평생 동안의 관심을 보여 준다.

오일러는 페르마의 마지막 정리에 대해서도 훌륭한 연구 성과를 얻었다. 2000년 동안 수학자들은 방정식 $a^2+b^2=c^2$이 $a=3$, $b=4$, $c=5$와 $a=5$, $b=12$, $c=13$과 같은 양의 정수해를 무한히 갖는다고 알고 있었다. 페르마는 방정식 $a^n+b^n=c^n$은 n이 2보다 더 큰 정수일 때 정수해를 갖지 않는다고 주장했다. 하지만 그 누구도 세 쌍의 정수를 발견하지 못했고, 세 쌍의 정수를 발견하는 것이 불가능함을 증명할 수도 없었다. 오일러는 $n=3$인 경우에 대해 그 방정식이 정수해를 갖지 않음을 증명했다. 그의 증명은 수학계를 놀라게 했으며 그의 수학적 아이디어는 환 이론이라 불리는 새로운 수학 분야를 개척하는 발판이 되었다. 이후 다른 수학자들도 다른 n의 값에 대해 비슷한 결과들을 증명했지만 이 정리는 1994년 영국 수학자 앤드류 와일즈^{Andrew} Wiles에 의해 완벽하게 증명될 때까지 미해결 상태로 남아 있었다.

오일러가 정수론에서 남긴 또 다른 중요한 업적은 오일러 피함수, $\phi(n)$의 도입이었다. 그는 1부터 n까지 정수 중 n과의 공통인수가 1밖에 없는 정수 k의 개수를 나타내기 위해 $\phi(n)$을 사용했다. 공통인수가 1밖에 없는 두 수의 관계를 일컬어 서로소^{co-prime}라고 한다. 예를 들어, 6은 2, 3, 4, 6과 공통인수를 가지나 1, 5와는 그렇지 않으므로 $\phi(6)=2$이다. 마찬가지로, 12는 2, 3, 4, 6, 8, 9, 10, 12와 공통인수를 가지나 1, 5, 7, 11과는 공통인수를 갖지 않으므로 $\phi(12)=4$이다. 하지만 19는 소수로, 19보다 작은 수 중 어떤 수와도 공통인수를 갖지 않기 때문에 $\phi(19)=18$이다. 이 간단한 개념은 정수론에서 매우 중요한 아이디어가 되었으며, 사실 정수론에서 가장 중요한 개념들 중 두 가지가 바로 소수와 인수분해이다.

오일러는 1736년에 오랫동안 수학자들을 고민하게 했던 또 다른 유명한 문제인 쾨니히스베르크^{Köigsberg} 다리 문제를 해결했다. 독일의 도시인 쾨니히스베르크에는 4개의 지역을 연결해 주는 7개의 다리가 있었다. 사람들은 각각의 다리를 정확히 한 번씩만 건너서 마을 전체를 산책하는 것이 가능한지 궁금해 했다. 오일러는 각각의 지역을 점 또는 꼭지점으로 표시하고 한 지역에서 또 다른 지역으로 건너는 각각의 다리는 곡선 모양의 선이나 모서리로 표시하는 그래프를 사용하여 그 문제를 추상적으로 표현했다.

오일러는 한 점에서 만나는 모서리의 수에 근거하여 각각의 꼭지점들을 짝수점^{even vertex}과 홀수점^{odd vertex}으로 분류했다. 그런 다음 어떤 점이 홀수점이라면 그 점은 산책의 시작점이 되거나 끝점이 되어야 한다는 사실을 알아냈다. 쾨니히스베르크 그래프에는 4개의 홀수점이 있어 산책 경로를 구성하는 것은 불가능했다. 또한 그는 어떤 장소에서 출발하여 다시 원래의 장소로 돌아오는 산책 경로를 만들기 위해서는 모든 점들이 짝수여야 한다는 사실을 증명했고, 이를 오일러 회로^v라고 부르

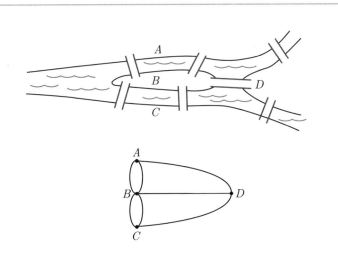

오일러는 쾨니히스베르크의 7개의 다리를 나타내기 위해 점과 모서리를 이용한 추상적 그래프를 도입했다. 이 유명한 문제를 해결하는 과정에서 그래프 이론이 탄생했다.

게 되었다. 이 문제를 해결하기 위해 오일러가 고안한 수학적 개념들은 그래프 이론이라는 새로운 수학 분야를 탄생시켰다. 이 이론은 오늘날 수학계에서 활발하게 연구되고 있다.

이 시기에 오일러가 남긴 업적 중에서 가장 높이 평가받고 있는 것 중 하나는 1736년과 1737년에 출간한 두 권짜리 저서인 《*Mechanica*(역학)》이다. 그는 이 물리학 저서에서 미적분학을 사용하여 17세기에 뉴턴이 소개한 운동의 법칙과 역학을 설명했다. 그는 진공과 저항매체를 통과한 물체의 운동에 관한 문제를 해결하는 데 있어서 이전까지는 소개된 적이 없는 일반적인 방법을 고안했다. 또한 미분기하학, 측지학geodesy과 관련된 새로운 결과들을 개발하여 평면 위에서의 물체의 운동을 분석했다.

1738년 31세의 오일러는 눈이 병균에 심하게 감염되어 2년 후에 오른쪽 눈의 시력을 잃었다. 그는 그럼에도 불구하고 조선학, 음향학, 음악의 물리학에 대한 원고 집필 작업을 계속했다. 오일러는 1738년과 1740년에는 파리 과학 협회에서 후원하는 수학 경연대회에서 대상을 차지했다. 1741년까지 그는 55권의 연구 보고서를 발표했는데 평생 발표하지 않은 보고서들도 30권에 이르렀다.

여왕 캐서린 1세가 죽은 후 많은 러시아인들은 오일러와 같은 외국인들을 의심하고 박해했다. 그들은 새로운 통치자에게 모든 외국 태생의 교수들을 러시아인으로 교체시키라는 압력을 가했고, 14년간 많은 성과를 이룬 오일러 또한 다시 상트페테르부르크 학술원으로 떠나야 했다.

베를린 학술원에서의 생활, 1741~1766년

1741년, 프로이센의 왕인 프레데릭 대제는 오일러에게 그가 창설한 베를린 왕립과학협회^{Acadéie Royale des Sciences et des Belles Lettres de Berlin}의 수학과 교수로 와 달라고 제안했다. 오일러는 이를 받아들여 25년 동안 베를린 학술원에서 순수수학이나 응용수학과 관련된 폭넓은 범위의 주제를 다룬 380권의 책과 논문을 저술하며 보냈다. 그리고 이 기간 동안 관측소장, 식물원장, 지도와 달력을 만드는 일의 책임자로 일했다. 또한 1759년부터 1766년까지 학술원장으로 지냈다.

오일러는 과학과 응용수학의 여러 분야에서 사용되고 있는 개념들에 대해 견고한 수학적 기초를 제시해 주는 여러 권의 책을 저술했다. 1744년 《*Thoria motuum planetarum et cometarum*(행성의 운동 이론)》을 통해 궤도의 계산에 관한 몇 가지 중요한 결과들을 발표했다. 1745년에는 벤자민 로빈스^{Benjamin Robins}의 《*New Principles of Gunnery*(포격에 관한 새로운 원리)》를 번역하고 탄도학에 관한 긴 부연 설명을 덧붙였는데, 이 번역본은 원래의 책보다 더 인기를 얻었다. 1753년에 출간한 《*Theoria motus lunae*(달의 운동 이론)》에는 달의 운동에 관한 자세한 수학적 설명이 제시되어 있다. 그리고 1765년에 출간한 《*Theoria motus corporum solidorum seu rigidorum*(강체 운동 이론)》에서는 움직이는 물체의 운동을 선형적이고 유리수적인 구성 성분들의 조합으로 설명하고 있다.

이 시기의 오일러는 순수수학과 관련된 여러 권의 영향력 있는 저서들을 저술했다. 1740년에 발표한 〈*Methodus inveniendi lineas curvas maximi minimive proprietate gaudentes*(극대와 극소의 특성을 갖는 곡선을 찾는 방법)〉은 변분학이라고 알려진 수학의 한 분야를 소개한 논문이었다. 다른 수학자들은 이 책을 다른 어떤 저서들보다 가장 아름다운 수학 저서라고 평가했다. 1748년에는 함수의 형식적인 정의가 최초로 소개된 《*Introductio in analysin infinitorum*(무한의 해석학 소개)》란 제목의 영향력 있는 두 권짜리 책을 저술했다. 그는 x의 함수 f를 나타내기 위해 $f(x)$라는 표기를 사용했고 복소수를 연구했으며, 오일러의 항등식이라고 알려진 방정식 $e^{ix}=\cos(x)+i\sin(x)$를 소개했다. $x=\pi$일 때 이 항등식은 유명한 오일러의 방정식 $e^{ix}=-1$이 된다. 그는 이 책에서 미적분학을 곡선의 구조를 연구하는 학문이라기보다는 함수 이론으로서 다시 정의했다. 그가 1755년에 출간한 책 《*Institutiones calculi*

오일러는 1740년 논문인 〈*Methodus inveniendi lineas curvas maximi minimive proprietate gaudentes*(극대와 극소의 특성을 갖는 곡선을 찾는 방법)〉에서 변분법을 소개했다.

differentialis(미분학의 기초)》는 미적분학을 유한 차분의 관점에서 다루고 있다.

오일러는 1752년에 다면체라고 부르는 3차원 물체의 구조에 대한 '모서리+2(*edge-plus-two*)' 공식을 발견했다. 다면체는 삼각형, 사각형, 육각형과 같은 다각형의 면을 갖는 상자, 피라미드, 혹은 축구공 같은 물체를 말한다. 그는 이 물체들에 대해 면^{face}의 수와 꼭지점^{vertex}의 수를 더한 값은 모서리^{edge}의 수에 2를 더한 것과 같다는 사실을 발견했다. 이를 수학적으로 나타낸 것이 $F+V=E+2$이다. 상자는 6개의 면, 8개의 꼭지점, 12개의 모서리로 이루어져 있는데, 이것은 $6+8=12+2$로 공식을 만족한다. 밑면이 정사각형인 피라미드는 5개의 면, 5개의 꼭지점, 8개의 모서리를 가지므로, 이것 또한 $5+5=8+2$로 공식을 만족한다.

베를린에 머무는 동안 오일러는 왕의 조카딸인 안할트 데사우^{Anhalt} ^{Dessau} 공주의 개인교사로 일하며 그녀에게 편지로 빛, 소리, 자기, 중력, 논리, 철학, 천문학에 관한 개념들을 알려 주었다. 그는 물리적 현상들에 대한 과학적 근거를 설명해 주었는데, 예를 들어 적도 근처의 산 정상에서는 왜 기온이 낮은지, 달은 지평선에 가까워질수록 왜 더 크게 보이는지, 하늘은 왜 파란지, 그리고 인간의 눈은 어떤 기능을 하는지를 설명했다. 그가 1768년과 1772년 사이 공주에게 보낸 편지들 중 234통의 편지가 《*Briefe an eine deutsche Prinzessin*(독일 공주에게 보낸 편지)》란 제목의 세 권의 책으로 출간되었다. 비전문가들을 위해 씌어진 대중적인 최초의 과학 책이라고 할 수 있는 이 성공적인 책

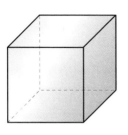

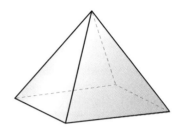

$$F+V=E+2$$
$$6+8=12+2$$

$$F+V=E+2$$
$$5+5=8+2$$

오일러의 '모서리+2' 공식에 따르면 상자나 피라미드와 같은 임의의 다면체는 면의 수와 꼭지점 수의 합이 모서리의 수에 2를 더한 값과 같다.

은 원래 독일어로 씌어졌으나 영어, 러시아어, 네덜란드어, 스위스어, 이탈리아어, 스페인어, 덴마크어로 번역되어 유럽 전 지역과 미국에서 널리 판매되었다.

오일러는 베를린 학술원에서 지내는 동안 상트페테르부르크 수학 잡지의 편집자로 계속 일하면서 많은 수학적 발견들을 실었다. 그는 번 돈은 책과 과학 기구들을 구입하는 데 썼으며 그것들을 상트페테르부르크 학술원에 기증함으로써 수입을 다시 러시아로 환원했다. 그는 두 나라가 1756년부터 1763년까지 일어난 7년 전쟁에서 서로 맞서 싸울 때조차도 러시아에 있는 그의 동료들과의 친분을 유지했다.

1760년대 중반 프레데릭 대제는 베를린 학술원의 새로운 지도자를 찾기 시작했다. 오일러는 그 학술원에서 지내는 25년 동안 수학 분야에 국제적인 명성을 가져다 주었지만, 프레데릭 대제는 보수적인 성향을 갖지 않은 좀 더 세련된 지식인으로 그의 자리를 대신하고 싶어 했다. 그 사이 러시아에서는 새로운 통치자 캐서린 대제가 세력을 장악하고 정치적, 경제적 불안정을 진정시켰다. 1766년 오일러의 동료가 그에게 다시 상트페테르부르크 학술원으로 돌아오라고 청하자, 그는 베를린 학술원을 떠났다.

상트페테르부르크 학술원으로의 귀환, 1766~1783년

상트페테르부르크로 돌아온 후 7년간은 오일러에게 있어서 비극의 시기였다. 그는 나머지 왼쪽 눈의 시력도 잃기 시작했고 1770년에는 완전히 앞을 볼 수 없게 되었다. 1771년에는 화재로 인해 집이 완전히 불에 타 사라져버렸지만 다행히 목숨과 논문의 일부는 건질 수 있었다. 1773년에는 40세였던 그의 아내 카타리나가 세상을 떠났다.

더 이상 읽고 쓸 수 없었던 오일러는 다른 수학 교수들에게 책과 잡지의 기사들을 읽어 줄 것과 도표와 그래프를 설명해 줄 것을 부탁했다. 상트페테르부르크 학술원의 물리학과 교수였던 그의 아들 요한 알브레히트 오일러Johann Albrecht Euler도 그를 도와 주었다. 오일러는 다른 사람들이 읽어 준 글에 열중했고 그 개념들을 상상했으며 암산으로 필요한 수학적 계산을 해냈다. 그는 문제를 해결하거나 정리의 증명을 마치면 다른 교수들에게 받아 적게 했고, 이런 방법으로 저술한 책과 논문은 무려 400권이나 되었다. 특히 그중 50권은 1년 동안 작성했다.

이 기간 동안 그가 쓴 책들은 수학과 과학 분야에 폭넓게 관련된 것이었다. 그는 초기 미분학 연구를 보완하기 위해 1768년과 1770년 사이 적분학과 미분방정식과 관련된 세 권짜리 책인 《*Institutiones calculi integralis*(적분의 기초)》을 저술했다. 굴절광선의 광학 원리와 관련된 세 권짜리 책인 《*Dioptrica*(굴절광학)》은 1769년과 1771년 사이에 출간되었다. 1770년에는 대수학 교본인 《*Vollst dige Anleitung zur Algebra*(대수학 입문서)》를 출간했고, 1772년에는 달의 운동을 수학적으로 분석한 책의 개정판인 《*Theoria motuum lunae, nova methodo pertractata*(완전히 새로운 방법으로 논한 달의 운동 이론)》을 출간했다. 1773년에는 배의 건설과 조종에 관한 안내서인 《*Scientia navalis—Theorie complete de la construction et de la manoeuvre des vaisseaux*(과학적 항법 – 배의 건설과 조종에 관한 완벽한 이론)》은 해군 훈련소에서 교재로 채택되어 사용되었다.

오일러가 소개한 새로운 아이디어들 중 하나는 오일러 벽돌로, 여섯 개의 면의 모서리와 대각선의 길이가 모두 정수 길이를 갖는 3차원 상자를 지칭하는 개념이다. 그는 그런 벽돌들이 무수히 많다는 것과 그런 벽돌 중 가장 짧은 길이를 갖는 것은 모서리의 길이가 각각 240, 117, 44이고 대각선의 길이가 각각 267, 244, 125인 벽돌임을 증명했다. 또한 이 증명에 필요한 모든 계산은 그가 어릴 적 개발한 암산 방법으로 해결했다.

오일러는 세상을 떠나는 날까지 연구를 멈추지 않았다. 그는 1783년 9월 18일, 상트페테르부르크에 있는 집에서 손자들과 놀아 주고 열

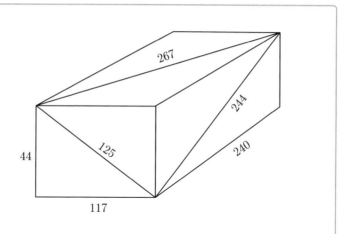

오일러는 여섯 개의 직사각형 면의 모서리와 대각선의 길이가 모두 정수인 3차원 상자는 무수히 많이 존재한다는 것을 증명했다. 그는 필요한 모든 계산을 암산으로 해결하여 가장 작은 '오일러 벽돌'을 만들어냈다.

기구에 관한 수학을 의논하고 천왕성의 궤도의 일부를 계산했다. 그후, 뇌출혈로 고통을 겪다가 76세의 나이로 세상을 떠났다.

결론

오일러는 평생 동안 560권의 책과 논문을 출간했다. 그가 죽은 후 80년간 그의 수학 동료들은 그의 연구 결과들을 모아 또 다른 300권의 책을 출간했으며, 대부분은 오일러가 수년간 편집을 담당했던 상트페테르부르크 학술원의 잡지에 실렸다. 새로운 발견에 대해 논하기 위해 그가 다른 수학자들이나 과학자들에게 보낸 300여 통의 편지들은 공개되지 않았다. 《*Opera Omnia*(전집)》이란 제목으로 출간된 그의 공개된 연구 결과들의 모음집은 총 72권이었다. 이 중 수학이 29권, 역학과 천문학이 31

권, 나머지 12권은 물리학과 다른 응용 학문에 대한 것이었다.

오일러는 저서들을 통해 수학과 과학 분야의 문제뿐만 아니라 그것을 표현하고 논의하는 형식까지에도 영향을 미쳤다. 그가 소개한 많은 기호들은 일반적인 수학 표기법으로 자리 잡았다. 그가 소개한 기호들로는 근삿값이 2.71828인 자연 상수 e, 허수 $\sqrt{-1}$을 나타내는 i, 합의 기호 Σ, 근삿값이 3.14159인 원주율 p, 양 y의 변화율을 나타내는 $\triangle y$가 있다. 수학자들은 오일러가 소개한 많은 용어, 표기법, 기호들을 받아들였고, 이것들은 오일러 이후의 수학 저서들이 그 이전의 수학 저서들과는 완전히 다르고 훨씬 더 친숙하게 보이게 했다.

오일러의 연구는 삼각법, 미적분학, 정수론, 그리고 수학의 다른 발전된 분야들에 많은 영향을 주었다. 그의 발견들과 이론들은 변분법, 미분방정식, 복소함수 이론, 그래프 이론, 환 이론, 그리고 특별한 함수들과 관련된 이론들을 포함하는 새로운 수학 분야의 기초를 다지는 데 바탕이 되었다. 응용수학과 관련된 그의 연구들은 역학, 천문학, 광학, 항해학, 물리학, 탄도학, 보험에 중요한 기여를 했다. 그는 당시의 유럽 수학 사회에 너무나도 지대한 영향을 미쳤기 때문에, 수학자들은 종종 18세기를 오일러의 시대라고 말한다.

언어 감각을 지녔던 수학자

마리아 아녜지

Agnesi, Maria Gaetana
(1718~1799)

비록 그녀의 이름은 '아녜지의 마녀'로 알려진 곡선과
가장 밀접한 관련이 있지만
최근에 수학계는 다양한 주제들을 폭넓게 다룬 그녀의 책에서
흥미로운 대상들을 발견하고 있다.

언어 감각을 지녔던 수학자

아녜지는 7개 국어를 읽을 수 있는 능력을 수학적인 재능과 결합시켰고, 미적분학의 일관된 계산 방법을 제시해 주는 교과서를 쓰기도 했다. 그녀가 10년 동안 만들어낸 훌륭한 연구 결과물들은 수학계에서 국제적으로 격찬을 받았다.

그녀는 잘못 번역되어 '마녀$^{the\ witch}$'라고 불린 곡선을 가장 잘 설명한 사람이었으며, 젊은 시절부터 가난하고 나이든 여성들을 돌보는 데 헌신하느라 안타깝게도 일찍 수학 연구를 포기했다.

다양하고 수준 높은 교육을 받은 어린 시절

1718년 5월 16일, 아녜지는 이탈리아 밀라노에서 실크 무역을 하는 부유한 사업가인 돈 피에트로$^{Don\ Pietro\ Agnesi\ Mariana}$의 딸로 태어났다.

그녀는 그녀의 아버지가 세 번의 결혼으로 얻은 스물한 명의 자식들 중 첫째였다. 그녀의 어머니인 안나 포르투나토 브리비오^{Anna Fortunato Brivio Agnesi}는 8명의 아이들을 낳았으며 아녜지가 14살 때 세상을 떠났다.

아녜지의 아버지는 훌륭한 개인 교사들을 고용하여 그의 아들과 딸들이 다양한 과목을 공부할 수 있도록 했다. 개인 교사들 중 네 명은 고급 수학 교육을 받은 사람들이었는데, 훗날 튜린 대학의 교수가 된 미셸 카사티^{Michele Casati}, 파비아 대학의 교수가 된 프란체스코 마나라^{Francesco Marana}, 뛰어난 수학자인 카를로 벨로니^{Carlo Belloni}, 로마와 볼로냐에 있는 대학에서 수학을 가르쳤던 가톨릭 사제 라미로 람피넬리^{Ramiro Rampinelli}가 바로 그들이었다.

아녜지는 어린 시절부터 외국어에 특별한 재능을 보였다. 5살 때 프랑스어를 유창하게 구사했고, 9살 때에는 그녀의 개인 교사 중 한 사람이 쓴, 여성을 위한 고등 교육을 주장하는 이탈리아어 글을 라틴어로 번역하기도 했다. 그녀의 아버지는 직접 자비를 들여 이 에세이를 《*Oratio qua ostenditur artium liberalium studia femineo sexu neutiquam abhorrere*(여성에 의한 대학 교양 과목의 연구가 결코 무시당하면 안 된다고 주장하는 연설)》이란 제목으로 출간했다. 그녀는 이미 11살 때 프랑스어, 라틴어, 그리스어, 히브리어, 독일어, 스페인어, 그리고 모국어인 이탈리아어까지 7개 국어로 말하고 읽고 쓰는 것이 가능했다.

교양 있는 귀족이자 학자였던 아녜지의 아버지는 그의 집을 지식인들의 토론 장소로 활용했다. 그는 친구들과 사업가들, 고위 인사들을

자주 집으로 초청했고, 아녜지는 그들 앞에서 라틴어로 시나 산문을 낭송했으며, 그녀의 여동생인 마리아 테레사^{Maria Teresa}는 하프시코드로 클래식 음악을 연주했다.

나이가 들면서 마리아 테레사는 직접 작곡한 곡을 연주하기 시작했고, 아녜지는 아버지의 박식한 손님들과 토론을 하거나 그날그날의 정치적, 사회적, 철학적, 과학적 문제들에 대해 그녀의 생각을 표현한 수필을 낭독했다. 1738년 아녜지의 아버지는 그녀가 쓴 191편의 에세이가 담긴 《*Propositiones philosophicae*(철학적 제안)》을 출간했다. 그녀는 철학, 자연 과학, 논리학, 형이상학, 역학, 탄성, 화학, 식물학, 동물학, 광물학, 그리고 여성의 교육 등 다양한 주제에 대해 논했다.

람피넬리의 지도를 받기 2년 전부터 아녜지는 두 권의 수학 책을 살펴보고 그와 관련된 원고를 작성했다. 한 권은 1707년 로피탈

Guillaume-François-Antoine, marquis de l'Hôpital이 쓴 〈*Traité analytique des sections coniques*(원뿔 곡선에 관한 해석학적 논문)〉이었고, 다른 한 권은 1707년 뤼뉴Charles Renè Reyneu가 쓴 〈*Analyse démontré*(증명된 분석)〉이었다.

로피탈의 책은 원뿔 곡선과 관련된 수학을 논한 것으로, 여기서 말하는 원뿔 곡선이란 바퀴의 회전, 행성의 궤도, 던져진 공의 이동 경로, 그리고 확대경의 모양으로 묘사할 수 있는 원, 타원, 포물선, 쌍곡선이라고 불리는 곡선들을 일컫는다. 뤼뉴의 미적분학 책은 탄도와 행성의 움직임을 포함한 17세기부터의 수학적 발견들을 통일된 방법으로 다루려는 시도를 엿볼 수 있는 책이다. 비록 아네지의 책은 출간되지 않았지만 수학자들은 이 두 권의 책에 대해 통찰력 있고 정확하며 이해하기 쉬운 논평이라고 평가했다.

아네지는 20살이 되었을 때, 수녀가 되어 가난한 사람들을 돕고 싶다는 꿈을 품었다. 그녀에게는 기도하는 삶과 평온하게 연구하는 삶, 그리고 자비를 베푸는 삶이 저녁 식사에 초대받거나 오페라, 연주회, 연극을 관람하러 온 손님들, 정장을 입고 무도회에 참석한 손님들과 논쟁하는 것보다 매력적이었다. 그녀의 아버지는 아네지에게 어린 동생들을 가르치면서 돌봐 줄 것을 부탁했다. 대신 그녀에게 공식적인 모임에 참여하지 않아도 되고 간소한 옷차림으로 기도하며 공부할 수 있는 시간을 허락했다.

미적분학 교과서, 《해석학》

아네지는 이후 10년간의 시간을 미적분학 교과서를 쓰는 데 보냈다. 원래는 자기 계발을 목적으로 로피탈이나 뤼뉴의 책과 비슷하게 포괄적인 수학적 분석 방법에 대해 저술할 생각이었다. 하지만 동생들의 교육에 대한 책임감이 커짐에 따라 학생들에게 필요한 책을 써야겠다고 생각했고, 람피넬리의 격려에 힘을 얻어 이탈리아 대학생들을 위해 《*Instituzioni analitiche ad uso della gioventu italiana*(이탈리아 학생들을 위한 해석학)》을 저술했다.

아네지는 이 책에서 미적분학의 개념들을 일관된 방법으로 다루고 있다. 이전의 100년 동안 영국의 뉴턴과 독일의 라이프니츠를 비롯한 프랑스, 러시아, 이탈리아 등 유럽 국가들의 수학자들은 각각 다른 관점에서 미적분학을 발전시켜왔다. 또한 그들은 서로 다른 언어를 사용하여 책을 저술했고 같은 개념에 다른 명칭을 붙였으며 같은 아이디어를 표현하고 다루는 데 있어서 다양한 표기법을 사용했다. 아네지는 그녀의 언어적 능력과 수학적 능력을 발휘하여 그들의 책을 모두 이탈리아어로 번역했으며, 그들이 얻은 결과를 라이프니츠의 미분 표기법을 사용하여 일관된 방식으로 표현했다. 그녀는 논리적인 방법으로 이전의 아이디어에서 새로운 아이디어가 창출되도록 하기 위해 어떤 대상을 표현할 때에는 자연계의 질서를 따랐다. 그리고 이론적인 개념들을 설명할 때에는 적절한 예를 이용했다.

아네지는 책을 저술하는 모든 과정에 열중했다. 그녀는 풀지 못한 문제들을 책상 위에 올려놓은 채 잠들었다가 잠이 깨지도 않은 상태에서 일어나 답을 적고 다시 잠자리에 들기도 했다. 인쇄하는 모든 과정을 감독하기 위해 인쇄업자에게 그녀의 집으로 인쇄기를 옮겨 달라고도 했다. 그녀는 읽기 쉬운 책을 만들기 위해 가장자리에 여백이 많은 커다란 용지를 사용했고 큰 활자로 인쇄했으며 많은 도표와 삽화들을 삽입했다. 그 책의 초고를 읽은 이탈리아 수학자 리카티[Jacopo Riccati]는 수정이 필요하다고 충고하였으며 적분에 관한 출간되지 않은 자신의 원고 일부를 그녀에게 보여 주었다.

10년간의 저술 끝에 드디어 아녜지의 책이 세상에 등장했다. 1권은 1748년에, 2권은 그 이듬해에 출간되었다. 그 책은 총 1020페이지의 본문과 1장의 교정 페이지, 그리고 49페이지의 삽화가 담긴 부록으로 구성되어 있으며, 거대한 삽화는 독자들이 글을 읽는 동안에도 그림을 볼 수 있게 밖으로 펼쳐지게 만들어져 있다. 1권에는 기초 대수, 방정식에 관한 고전 이론, 좌표 기하학, 원뿔 곡선의 구조, 그리고 극대·극소·접선·변곡점을 구하는 해석 기하학의 기술들이 설명되어 있다. 2권은 여러 개의 소제목들로 나뉜 세 개의 장으로 구성되어 있으며 무한히 작은 양에 대한 분석이 제시되어 있다. 다루고 있는 주제로는 미분학, 적분학, 멱급수, 역탄젠트, 기초 미분방정식 등이 있다.

《해석학》이 가져다 준 명예

아녜지의 《*Instituzioni analitiche*(해석학)》은 국제적인 이목을 집중시키고 아녜지가 수학자로서 인정받는 계기가 된 중요한 성과였다. 이 책은 로피탈의 1696년 저서 《*Analyse des infiniment petits*(무한히 작은 양에 대한 분석)》 이후 최초의 종합적인 교과서로 학계의 환호를 받았다. 프랑스 과학 협회French Academy of Science의 마랑Jean d'Ortous de Mairan과 몽티니Étienne Mignot de Montigni가 위원장으로 있는 수학자 위원회는 그녀의 책을 본 후 여러 수학자들의 업적을 포괄적이고 이해하기 쉬운 책으로 훌륭하게 집대성했다고 격찬했다. 그들은 문체의 명쾌함, 책의 질서정연함, 정밀함을 칭찬하면서 어떤 언어로 학습하건 간에 그 책은 가장 완벽하고 명확하게 씌어진 교과서라고 설명했다.

아녜지가 살고 있는 이탈리아의 북부 지역은 합스부르크 제국에 포함되어 있는데, 그녀는 이 제국의 통치자였던 오스트리아의 황후 마리아 테레사[Maria Theresa]에게 이 책을 바쳤다. 아녜지는 이 책의 첫 장에 마리아 테레사는 그녀의 역할 모델이며 책을 저술하는 과정에서 많은 격려를 해 준 인물이었다고 적었다. 책을 헌정받으며 그녀에게 감명받은 황후는 그녀에게 다이아몬드 반지와 다이아몬드로 장식된 화려한 크리스털 상자를 보냈다.

교황 베네딕토 16세는 아녜지에게 명예로운 공적을 축하하는 글과 함께 화려한 보석 장식이 된 금메달과 금 화환을 보냈다. 1750년 볼로냐 대학의 학장과 이탈리아 과학 협회[Italian Academy of Sciences] 회원들의 추천으로, 교황은 그녀에게 볼로냐 대학의 수학과와 자연철학과의 교수직을 제안했다. 볼로냐 대학은 임명이 공식적으로 확정되었음을 알리는 증서를 보냈고 이후 45년간 그 학과들의 교수 명단에 그녀의 이름을 등재했지만, 역사적 자료에 따르면 그녀는 결코 그 대학에 가지도, 수업을 하지도 않았다고 한다. 볼로냐 과학 협회는 아녜지를 최초의 여성 회원으로 선출했다.

그녀의 책 1권이 출간된 1748년, 스위스 수학자 오일러도 《*Introductio in analysin infinitorum*(무한에 대한 해석학적 접근)》의 미적분학 교재를 출간했다. 그가 7년 후에 출간한 《*Institutiones calculi differentialis*(미분학의 기초)》와 더불어 그 책은 높은 완성도의 결과물로써 아녜지의 업적을 무색하게 만들었다. 그러나 그녀의 책은 여러 언어로 번역되어 60년 동안 유럽의 많은 나라들에서 인기 있는 교재로 사용되었다.

1775년 프랑스 과학 협회 회원들이 삼각법에 관한 최근 연구 결과들이 포함된 기초 미적분학 교재를 필요로 했을 때, 그들은 앙텔미^{Pierre Thomas Antelmy}에게 아녜지의 책 2권을 프랑스어로 번역하여 삼각법에 대한 내용을 추가한 뒤《Traité élentaires de calcul(미적분학의 기초)》로 출간하는 일을 맡겼다. 그녀의 책은 19세기까지 계속해서 새롭게 발행되었다. 그중 가장 유명한 것은 존 콜슨^{John Colson}의 영어 번역판으로, 그가 사망한 1760년 이전에 완성되었으나 1801년에 《Analytical institutions(해석학)》으로 출간되었다.

아녜지의 마녀

콜슨의 번역판이 많은 관심을 불러일으키게 된 이유는 아녜지의 책 1권 거의 마지막 부분에 등장한 특별한 '예' 때문이었다. 그 예는 가끔 버스트 사인^{versed sine} 곡선으로 불리는 3차 곡선으로, 이전의 1세기 동안 다른 수학자들도 이 곡선에 대해 연구한 바가 있었다. 1665년에 프랑스 수학자 페르마는 이 곡선의 방정식에 대해 기술했고 1703년에는 이탈리아 수학자 그란디^{Guido Grandi}가 이 곡선의 그래프의 구조에 대해 자세한 설명을 제시했다. 그란디는 그 곡선에 '돌다'란 의미의 라틴어 동사 'vertere'에서 유래한 'versoria'란 이름을 붙였다. 아녜지는 그 곡선의 이름으로 이탈리아어 versiera를 사용했다.

영국 케임브리지 대학의 교수였던 콜슨은 아녜지의 책을 영어로 번역하기 위해 이탈리아어를 배웠다. 그는 이 3차 곡선의 이름을 번역할 때 'la versiera'를 '악마의 아내' 또는 '신에게 맞서는 여인'이란 의미를 갖는 'l'avversiera'와 혼동했고, 결국 그 곡선의 이름을 '마녀the witch'라고 번역했다. 다른 번역자들은 그 곡선을 아녜지의 곡선 또는 아그네시의 곡선이라고 불렀지만, 콜론의 실수로 영어권 나라에서는 '아녜지의 마녀'로 더 잘 알려져 있다.

그 곡선의 방정식은 $y = \dfrac{a^3}{x^2 + a^2}$ 이다. 고정된 임의의 값 a에 대해 이 방정식을 만족하는 점 (x, y)의 집합은 원의 양쪽 방향으로 늘어지면서 원에서 멀어질수록 점차 수평을 이루는 하나의 곡선을 이룬다. 곡선은 반지름이 a이고 $(0, a)$가 중심인 원, 그리고 각각 $(0, 0)$과 $(0, 2a)$를 지나면서 그 원에 접하는 두 개의 수평선 $y = 0$과 $y = 2a$를 그리면 만들 수 있다. 원점 $(0, 0)$을 지나는 각각의 직선은 원과는 점 (b, c)에서 만나고

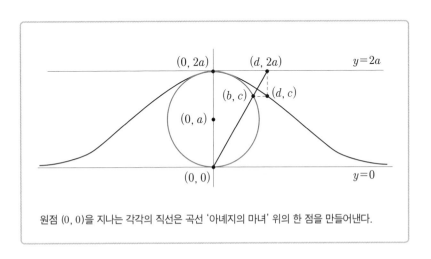

원점 $(0, 0)$을 지나는 각각의 직선은 곡선 '아녜지의 마녀' 위의 한 점을 만들어낸다.

189

직선 $y=2a$와는 점 $(d, 2a)$에서 만나게 된다. 이런 각각의 직선에 대해, 점 (d, c)는 아녜지의 곡선 위의 점이 된다. 즉, 점 $(0, 0)$을 지나면서 서로 다른 기울기를 갖는 직선들을 여러 개 그리면 아녜지의 곡선을 이루는 점들의 집합을 얻을 수 있다. 이렇게 얻은 곡선은 극대, 변곡점, 좌우 대칭, 수평적인 점근선과 같은 흥미로운 수학적 성질들을 많이 갖고 있다.

아녜지는 그녀의 교과서에서 이 곡선을 네 부분으로 나누어 설명했다. 책 서두의 끝 부분에 보면, 그 곡선의 기하학적 형태를 제시하고 그 곡선의 방정식을 찾아보게 하는 해석 기하학 연습 문제가 등장한다. 또한 그 책의 맨 뒤에는 도표들이 삽입된 페이지들이 안으로 접혀져 있는데 그 그래프의 형태가 여기에 제시되어 있다. 1권의 마지막 부분에서는 곡선의 변곡점을 찾는 대수적인 방법을 소개했다. 그 곡선은 2권에서 다시 다루어졌는데, 그녀는 이차 미분계수를 이용하여 변곡점을 찾는 좀 더 정교한 기술을 개발했다. 아녜지는 그 곡선의 활용에 대해서는 전혀 언급하지 않았지만 1940년대의 물리학자들은 그 곡선의 형태가 동조 공진 회로에서 방산되는 전기뿐만 아니라 X선과 광회선의 분포와 거의 흡사하다는 것을 발견했다.

가난한 사람들을 돕는 헌신적인 삶

아녜지는 1752년 그녀의 아버지가 세상을 떠나자 가난한 사람들을 돕는 삶을 택했다. 저서가 성공을 거두면서 그녀는 이탈리아 수학계에서 명성을 얻었고 유럽에 널리 이름을 알렸지만 동생들이 더 이상 도움을 필요로 하지 않게 되자 수학을 중단했다.

이후 그녀는 47년 동안 가난한 사람들과 나이든 여성들을 돌보는 데 전념했다. 그녀는 가족이 함께 사는 집에서 환자들을 돌보기도 했다. 1759년에는 교황에게 받은 금메달과 황후 마리아 테레사에게 받은 다이아몬드와 크리스틸 상자를 팔아 밀라노의 건물을 임대해 요양소를 운영하기 시작했다.

그녀가 수학을 그만두었음에도 불구하고 다른 수학자들은 여전히 그녀의 능력을 높이 평가했다. 1762년 튜린 대학의 교수는 아녜지에게 변분 계산에 관한 새로운 발견을 제시한 논문을 검토해 줄 것을 부탁했다. 논문의 저자는 동시대의 가장 위대한 수학자들 중 한 사람이 된 젊은 수학자 라그랑주였다. 하지만 아녜지는 더 이상 수학을 하지 않는다면서 그 부탁을 거절했다.

아녜지는 1771년 대주교 토초보넬리^{Tozzobonelli}의 부탁으로 가난한 여성들을 위한 요양소의 관리자가 되었다. 그 시설은 원래 안토니오 톨레미오 트리불치오^{Antonio Tolemeo Trivulzio} 왕자의 궁전이었는데, 그는 그곳을 노인 요양소로 사용해 달라며 교회에 기증했다. 아녜지는 수학을 연구할 때처럼 정성을 다해 450명의 환자들을 돌보는 관리자로서의 책임을 다했다. 그녀는 1783년에는 환자들과 좀 더 가까이 있기 위해 아예 요양소로 거처를 옮겼다.

40년 이상을 가난한 여성들을 돌보며 지낸 아녜지는 건강이 매우 악화되어 삶의 마지막 5년 동안은 그녀가 운영해 온 요양소에서 환자로 지냈다. 그녀는 점차 눈이 멀고 귀가 멀었으며, 졸도하는 일이 잦았고, 몸이 많이 부어 고생을 했다. 1799년 1월 9일, 그녀는 80세의 나이로 자신이 일하던 요양소에서 세상을 떠났다.

결론

그녀가 세상을 떠난 지 100주년이 되자 그녀를 기리기 위해 밀라노, 몬차, 마시카고의 시민들은 그녀의 이름을 딴 거리를 만들었고, 밀라노에 있는 교사들을 위한 학교와 소녀들을 위한 장학금이 그녀의 이름으로 만들어졌다. 또한 그녀가 말년을 보낸 요양소 앞에 조각된 주춧돌은 가난한 사람들을 위해 봉사한 그녀를 상기시키고 있다.

아녜지의 미적분학 책인 《*Instituzioni analitiche*(해석학)》은 18세기 중반 이전까지 여성에 의해 씌어진 가장 중요한 수학 저서 중 하나였다. 이 책은 기초적인 미적분학을 통일된 방법으로 다루려는 최초의 성공적인 시도라고 할 수 있다. 그녀는 이 책에서 초기 미적분학 개발자들이 연구한 성과들을 결합시켰고, 다양한 표기법을 사용하여 각기 다른 언어로 발표된 결과들을 일관된 용어와 표기법을 사용하여 하나의 언어로 표현했다. 폭넓게 사용된 이 교과서는 현재 여성에 의해 씌어진 가장 오래된 저서로 남아 있다. 비록 그녀의 이름은 '아녜지의 마녀'로 알려진 곡선과 가장 밀접한 관련이 있긴 하나 최근에 수학계는 다양한 주제들을 폭넓게 다룬 그녀의 책에서 흥미로운 대상들을 발견하고 있다.

미국 초기에 활동한 흑인 과학자

벤자민 배네커

Benjamin Banneker
(1731~1806)

식민지 시대의 미국에서 담배 농사를 짓던 57세의 배네커는
천문학과 관련된 수학적 원리를 독학으로 깨우쳐
아마추어 수학자가 되었다.

미국 초기 흑인 과학자

베네커는 미국이 식민지였던 시대에 담배 농사를 짓던 미국 흑인으로 여가 시간의 대부분을 수학 공부를 하며 보냈다. 그는 젊었을 때에는 나무로 시계를 설계하고 제작하여 놀라운 기하학적 통찰력을 보여주었다. 57세에는 책과 장치들을 빌려 천문학에 관한 수학적 원리를 독학하여 콜롬비아 특별구의 경계를 측량하는 일을 도왔다. 또한 12년 동안 메릴랜드 주와 이웃한 주들의 농부들과 선원들을 위해 연간 책력을 계산하기도 했다. 이와 같은 성과로 그는 당시의 반 노예제도 운동의 국제적인 표상이 되었다.

담배 농사를 짓는 농부 배네커

베네커는 1731년 11월 9일 메릴랜드의 볼티모어 외곽에 있는 조부

모의 담배 농장에서 태어났다. 그는 자유민이었으나 그의 조상은 노예 생활을 경험했다. 1683년 그의 조모인 몰리 웰시$^{Molly Welsh}$는 우유를 훔친 죄로 영국의 낙농장에서 메릴랜드의 담배 농장으로 보내졌고 그곳에서 7년간 계약 노동자로 일했다. 계약 기간이 끝난 후 그녀는 볼티모어에 있는 작은 농장을 샀고 두 명의 흑인 노예를 고용했다. 4년 뒤 그들은 노예 상태에서 풀려나 자유를 얻었다. 1696년 웰시는 그녀의 노예였던 배너카^{Bannaka}와 결혼했고 그 두 사람은 그들의 성으로 배너키^{Banneky}를 사용했다. 1730년 그들의 큰 딸인 메리(Mary)는 흑인 노예였던 로버트^{Robert}와 결혼하여 배너키란 성을 계속 유지했다. 하지만 일 년 후 태어난 네 명의 자녀 중 첫째인 벤자민은 후에 그의 이름을 배네커로 바꾸었다.

배네커는 시골 농장에서 농사를 짓는 생활 때문에 매우 제한적인 교육을 받았다. 1737년 로버트와 메리 배너키는 오늘날 메릴랜드의 오엘라에 100에이커의 농장을 샀다. 훗날 배네커는 그의 아버지가 그곳에 지은 통나무 오두막집에서 여생을 보냈다. 담배 농사는 매일 오랜 시간의 작업을 요해서 휴식이나 교육을 위한 시간을 거의 가질 수가 없었다. 그는 어릴 적에 할머니에게 읽고 쓰는 것을 배웠으며 매년 겨울에는 교원 사택에 가서 연산, 역사, 그리고 다른 과목들을 배웠다. 그렇지만 그것도 농장 일을 해야 하는 나이가 되기 전까지만 가능했다. 그러나 그는 평생 동안 책과 신문 읽는 것을 게을리 하지 않았으며, 숫자 퍼즐 푸는 것을 즐겼고, 바이올린과 플루트 연주도 배웠다.

최초로 수학적 능력을 발휘한 작품, 나무 시계

22세 때 배네커는 회중시계의 내부 작동을 시험할 기회가 생겼다. 그 당시 회중시계는 매우 값비쌌고 소유한 사람도 드물었다. 그는 톱니바퀴와 스프링의 복잡한 조정 방법을 공부한 후, 침으로 시간과 분이 표시되고 매 정시에는 종이 울리는 시계의 디자인을 스케치했다. 그리고 나무 조각으로 톱니바퀴와 시계의 다른 부분들을 조각하고 집에서 만든 장치를 조립하여 시계를 만들었다. 그는 그 시계를 그의 집에 걸어두었는데, 무려 52년 동안 시간이 정확히 맞았다고 한다.

1750년대 미국 식민지 시대의 몇 안 되는 시계 제작 기술자들은 시계 만드는 일을 익히기 위해 몇 년간 특별한 연장과 도구들이 잘 갖추어진 작업장에서 교육을 받았다. 시계 작동을 살펴보기만 한 아마추어가 정확한 시계를 설계하고 제작할 만큼 많은 톱니바퀴와 스프링 사이의 기하학적인 관계를 이해한 것은 놀라운 일이었다. 배네커의 나무 시계는 그를 그 지역에서 유명인사로 만들어 주었고 이 일로 인해 그의 시골 농장에는 호기심에 가득 찬 방문객들이 찾아오기 시작했다.

다양한 관심

배네커의 아버지는 배네커와 농장을 그의 부인에게 맡긴 채 1759년에 세상을 떠났다. 배네커는 농장 일을 하면서도 음악, 독서, 수학, 과학, 시사에 관한 공부를 꾸준히 했다. 또한 그 지역에서 글을 아는 몇 안되는 사람 중 하나였기 때문에 이웃의 농부들이 계산을 하고 편지를 쓰고 공식적인 서신을 읽는 것을 도왔다. 그의 일기에는 매미의 17년 주기와 꿀벌의 복잡한 비행을 관찰한 것이 기록되어 있다. 또한 일기에 적은 수학 퍼즐 중에는 모두 더한 값이 60이면서 처음 수에 4를 더한 값과 두 번째 수에서 4를 뺀 값, 그리고 세 번째 수에 4를 곱한 값과 네 번째 수를 4로 나눈 값이 모두 같은 네 개의 수를 구하는 것이 있었다. 비록 그가 이 퍼즐을 만들지는 않았지만, 수학적인 오락에 매료된 그의 이런 모습은 수학에 대한 한결같은 관심과 잘 발달된 수학적 능력을 보여 준다고 할 수 있다.

1771년 엘리컷의 다섯 형제들은 패타스코 강 근처의 땅을 산 후 두 개의 제분소를 지었다. 또한 그들은 가족을 위한 집과 제분소에서 일하는 사람들을 위한 기숙사, 잡화점, 그리고 예배당도 지었다. 배네커는 이웃을 방문하여 정치에 대해 논하고 신문을 읽었으며 그들의 제분기 작동을 관찰하면서 많은 시간을 보냈다. 그리고 그들의 아들 중 하나인 조지 엘리컷$^{George Ellicott}$과 친구가 되었는데, 엘리컷은 배네커보다 29살이나 어렸지만 수학과 과학에 대한 공통 관심사에 대해 많은 얘기를 나누는 친구가 되었다.

$$a+b+c+d=60$$
$$a+4=b-4=c\times4=d\div4$$
$$\therefore a=5.6,\ b=13.6,\ c=2.4,\ d=38.4$$

배네커의 일기에 실린 수학 퍼즐 중 하나

천문학자

배네커는 1770년대 후반에 어머니가 세상을 떠나자 점차 농장 일에 대한 관심을 접고 다른 관심거리에 더 많은 시간을 소비했다. 1788년 조지 엘리컷은 배네커에게 천문학에 관한 네 권의 책과 천문학 도구들, 그리고 망원경을 보내 주었다. 그가 보내준 책에는 제임스 퍼거슨$^{James Ferguson}$의 《An Easy Introduction to Astronomy(천문학 입문)》과 찰스 리드베터$^{Charles Leadbetter}$의 《A Compleat System of Astronomy(완벽한 천문학 체제)》가 포함되어 있었다. 그는 몇 달 동안 태양의 일출과 일몰 시간을 계산하는 방법, 매일 밤 달이 뜨고 지는 시간을 예상하는 방법, 달의 상이 초승달에서 보름달로 바뀌며 다시 반복되는 것이 언제인지를 계산하는 방법을 공부했다. 또한 매년 세 번이나 네 번 지구 그림자에 가려 달이 사라지거나(월식) 지구가 달 사이를 지나가면서 태양이 사라지는(일식) 날짜를 계산하는 방법을 배웠다.

여러 달 동안의 연구 후에 배네커는 엘리컷에게 일식을 예견하는 계산을 보여 주었는데, 그는 그 계산에서 단 한 개의 실수를 저질렀다. 식을 예견하기 위해 천문학자들은 36개의 계산을 해야 하며 정확한 기하학적 그림들을 그려야 한다. 계산을 하는 과정에서 배네커는 퍼커슨과 리드베터 책에 제시된 서로 다른 두 가지 방법의 설명을 혼동했다. 그는 계산을 수정하여 1789년 4월 14일의 일식을 정확하게 예견했다. 배네커가 빠르게 천문학 기술을 숙달하는 것에 깊은 인상을 받은 엘리컷은 그에게 책력을 써 보라고 권했다.

18세기에 책력은 전형적인 미국 가정에서 한 권씩 갖고 있는 책 중하나였다. 이 책은 매우 유익한 정보와 함께 재미있는 읽을거리를 제

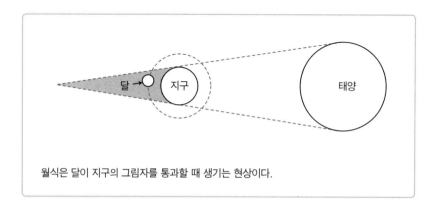

월식은 달이 지구의 그림자를 통과할 때 생기는 현상이다.

공했다. 배의 선장들은 만조와 간조를 열거해 놓은 책력을 보고 항해하기 가장 좋은 때를 결정했다. 선원들은 바다 한가운데에서 별의 위치를 이용하여 그들의 정확한 위치를 알아냈다. 농부들은 책력에 제시된 달의 상의 변화를 보고 씨를 뿌리고 수확을 했으며, 날씨를 예견하고 적혀진 일출과 일몰 시간을 보고 작업을 계획했다. 또한 책력은 휴일, 장날, 이동 법정과 같은 중요한 일이 있는 날짜를 열거해 놓은 달력으로도 사용되었다. 당시 가장 잘 알려진 책력은 벤자민 프랭클린 Benjamin Franklin이 필라델피아에서 25년 동안 만든 《*Poor Richard's Almanac*(가난한 리차드의 책력)》과 오늘날까지도 출간되고 있는 《*Farmer's Almanac*(농부의 책력)》이었다.

매일매일 태양, 달, 행성, 별의 시간과 위치를 기록해 놓은 것을 천문력이라고 한다. 천문력에 정확한 날짜를 기록하기 위해 숙련된 천문학자들의 능력이 필요했다. 만조와 간조는 정기적으로 일어나기 때문에 그 시간 계산은 비교적 단순하다. 만조는 약 12시간 25분이라

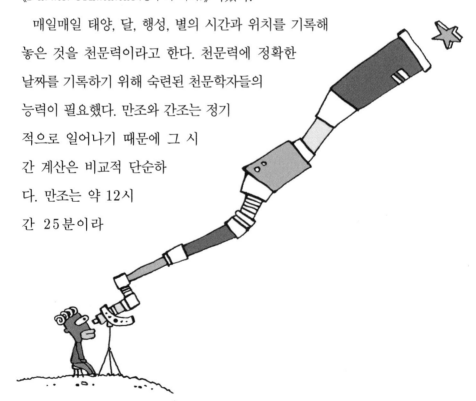

는 주기를 갖는다. 하늘에서 일어나는 일의 시간을 결정하는 일은 좀 더 복잡하다. 지구는 태양 주위를 궤도를 그리면서 그 축을 따라 돌며 조금씩 흔들린다. 지구의 주위를 도는 달의 궤도는 지구의 적도에 의해 정의된 평면의 위아래로 5°만큼씩 변화한다. 천체의 배열은 단 몇 백마일 떨어진 지역에서 관찰하더라도 서로 다르게 보인다. 그래서 메릴랜드의 농부들이 하는 천문학적인 계산은 뉴욕이나 애틀랜타에 있는 사람들에게는 전혀 쓸모가 없다.

배네커는 1791년 책력을 계산하는 데 온 시간을 쏟았고, 그 결과물을 담은 소포를 볼티모어에 있는 세 명의 인쇄업자에게 보냈다. 인쇄업자는 책력의 출판을 결정하기 전에 유명한 천문학자에게 배네커의 계산이 정확한지 검토해 줄 것을 부탁했다. 인쇄업자 존 헤이즈John Hayes는 10년 동안 책력을 출간해온 천문학자인 조지 엘리컷의 사촌 앤드류 엘리컷Andrew Ellicott에게 배네커의 책력을 보냈다. 배네커의 원고를 검토한 엘리컷은 배네커의 계산이 상당히 정확하다는 것을 확인했다. 그러나 긍정적인 평가에도 불구하고 헤이즈는 배네커의 책력을 출간하지 않기로 했다. 준비하기에 시기적으로 너무 늦었기 때문이었다.

배네커는 출간이 안 되자 다소 실망했지만 다음 해에 책력을 만들기로 결심했다. 좀 더 수정·보완한 뒤 이번에는 인쇄 시기 결정을 미리 준비하는 데 주의했다.

콜롬비아 특별구의 측량

배네커는 1792년 책력 만드는 일을 진행하는 중에 그의 재능을 발휘할 또 다른 기회를 얻었다. 미국이 영국으로부터 독립을 선언한 1776년 이래로 8개의 다른 지역에서 국회가 열렸는데, 그 이유는 나라의 수도가 아직 정해지지 않았기 때문이었다. 1790년 조지 워싱턴 대통령과 국회는 버지니아와 메릴랜드의 경계에 위치한 콜롬비아 특별구로 알려진 160평방킬로미터의 연방구를 구성하는 데 찬성했다. 국무장관이었던 토마스 제퍼슨Thomas Jefferson은 앤드류 엘리컷에게 토지를 측량하여 수도를 건설할 사방 16킬로미터의 정사각형 모양의 구역의 경계를 정하는 측량 팀의 총지휘를 맡겼다.

당시 엘리컷의 형제들은 펜실베이니아와 버지니아의 경계를 측량하는 일을 하고 있었기 때문에 그 프로젝트를 그만둘 수 없는 상황이었다. 앤드류 엘리컷은 천문학적 지식이 풍부하고 천문학 도구들을 이용하여 측량할 수 있는 데다가 복잡한 수학 계산을 잘할 수 있는 사람이 필요했다. 그의 사촌 조지 엘리컷은 배네커를 고용할 것을 권했고, 그는 책력을 만드는 일에서 배네커가 보여 준 훌륭한 능력을 상기하고 그에게 책임을 맡겼다.

배네커가 맡은 프로젝트는 상당히 중요한 일이었지만 그 가치에 비해 작업 환경은 매우 열악했다. 그는 2월부터 4월까지 메릴랜드와 버지니아의 추운 숲 속에서 텐트 생활을 하며 지냈다. 처음에는 기온, 잔잔한 진동, 접촉에도 민감하게 반응하는 천문 시계를 관리하는 일의 책임을 맡았다. 그는 별들과 다른 천체들의 예견된 움직임을 이용하여 시계의 시간을 정확하게 조정함으로써, 진북의 정확한 방향뿐만 아니라 측량팀이 위치한 정확한 경도와 위도를 결정하는 것을 가능하게 했다.

배네커는 별, 달, 행성의 위치를 관찰하고 기록하느라 뜬눈으로 밤을 지새우는 날이 많았다. 그는 성능 좋은 엘리컷의 망원경을 통해 낮 동안 볼 수 있는 태양과 다른 별들이 관찰되는 오후 동안 휴식을 취했다. 그가 했던 관찰과 정확한 계산은 측량의 성공에 매우 중요한 요소였다. 실제로 각의 측정에서 발생한 작은 실수는 16㎞ 이상의 거리 착오를 일으키는 원인이 된다.

8명으로 구성된 측량 팀은 한 변이 16㎞인 정사각형의 경계를 만드는 3개월간의 프로젝트를 만족스럽게 마쳤다. 정사각형의 네 변의 길이는 16㎞과 80m 이내의 차이가 날 뿐이었는데, 이 오차는 0.5%보다도 작았다. 그 프로젝트는 가장 남쪽 끝에서 북쪽을 향해 올라가 가장 북쪽 끝과 연결하는 일을 필요로 했다. 측량 팀에 의해 표시된 두 끝을 연결하는 선은 진북과 $\frac{1}{12}°$ 정도밖에는 차이가 나지 않았다. 엘리컷과 프랑스 기술자인 피에르 찰스 랑팡Pierre Charles L'Enfant, 그리고 다른 사람들이 그 프로젝트의 다음 단계인 새로운 도시(워싱턴)의 거리를 구획하는 일을 시작하자, 배네커는 그의 농장으로 돌아갔다.

1792년 책력 발표

농장으로 돌아온 배네커는 즉시 책력 만드는 일을 시작했다. 구성과

정밀함의 중요성을 배운 그는 커다란 책에 그의 천문학적인 관찰 내용을 주의 깊게 기록했으며 각각의 계산을 두 번씩 해 보았다. 엘리컷의 최신 기구들을 이용하여 일했던 경험과 긴 계산을 했던 경험을 바탕으로 그는 일을 신속하게 추진할 수 있었다. 1791년 6월 초, 그는 필요한 모든 계산을 마치고 책력을 마무리하여 볼티모어와 조지타운의 인쇄업자들에게 보냈고, 두 곳의 인쇄업자 모두 출간하는 데 동의했다.

흑인에 의해 씌어진 책력이 곧 출간된다는 소식은 상당한 관심을 불러일으켰다. 특히 노예제도 반대 운동을 하는 사람들 사이에서는 더욱 그러했다. 노예제도 폐지를 촉진하기 위해 6월에 열린 메릴랜드 협회 회의에서 유명한 의사이자 연설가였던 조지 뷰캐넌$^{George\ Buchanan}$은 작가, 시인, 의사로서 유명해진 다른 미국 흑인들과 더불어 배네커의 천문학에서의 업적을 격찬했다. 노예제도 폐지를 주장하는 펜실베이니아 협회 회장이었던 제임스 펨버튼$^{James\ Pemberton}$은 배네커에게 연락을 취하여 그의 책력의 복사본을 얻은 후 공인된 천문학자들에게 보내 비평적인 검토를 부탁했다.

배네커의 계산을 검토했던 두 사람은 당시 미국의 선구적인 천문학자였으며 미국 철학 협회 회장을 맡고 있던 데이비드 리텐하우스$^{Dabid\ Rittenhouse}$와 교사, 작가, 5권의 책력을 출간한 천문학자로 잘 알려진 윌리엄 워링$^{William\ Waring}$이었다. 그들은 배네커가 매우 훌륭하게 작업했음을 인정하고 그 책력을 출간할 것을 권했다. 곧 필라델피아의 인쇄업자 조셉 크러크생크^{Cruckshank}는 책력을 출간하고 배포했다.

1791년 8월, 배네커는 흑인도 과학 분야에서 성공할 수 있다는 증거로 책력과 콜롬비아 특별구의 측량에서 자신이 어떤 일을 했는지를 설명하는 12페이지짜리 편지와 함께 자신의 책력 복사본을 국무장관인 제퍼슨에게 보냈다. 제퍼슨은 배네커에게 축하의 뜻을 전하고 흑인 사회에서 명예로운 인물이 된 것을 칭찬하는 답장을 보냈다. 제퍼슨은 프랑스 과학 협회 비서였던 콩도르세^{Marquis de Condorcet}에게 그 책력을 보냈고, 이로 인해 그의 성과는 유럽 전 지역에 알려졌다.

1791년 가을, 그의 책력은 긴 제목이 붙여져 판매되었다. 그 제목은 다음과 같다. 《*Benjamin Banneker's Pennsylvania, Delaware, Maryland, and Virginia Almanack and Ephemeris , For the Year of Our Lord, 1792; Being Bisextile, or Leap—Year, and the Sixteenth Year of American Independence, which commenced July 4, 1776. Containing, the Motions of the Sun and Moon, etc.—The Lunation, Conjunction, Eclipses, Judgment of the Weather, festivals, and other remarkable Days; Days for holding the Supreme and Circuit Courts of the United States, as also the usual Courts in Pennsylvania, Delaware, Maryland, and Virginia—Also, Several useful Tables and valuable receipts.— Various Selections from the Commonplace—Book of the Kentucky Philosopher, an American Sage; with interesting and entertaining Essay, in Prose and Verse—the Whole comprising a greater, more pleasing, and useful Variety, than any Work of the Kind and Price in North—America*》.

조지타운의 인쇄업자를 제외한 세 도시의 다섯 명의 인쇄업자들은 책력을 세 가지 다른 버전으로 각색하여 배포했다. 그들은 볼티모어의 고더드^{Goddard}와 에인절^{Angell}, 알렉산드리아의 핸슨^{Hanson}과 본드^{Bond}, 필라델피아의 크러크생크^{Cruckshank}, 필라델피아의 험프레이즈^{Humphreys}, 필라델피아의 영^{Young} 등이었다. 볼티모어에서는 그 책력의 인기가 매우 높아 고더드와 에인절은 2쇄를 찍어야 했다. 그 책력에는 배네커의 계산과 제목에 언급된 항목들뿐만 아니라 메릴랜드의 상원의원이었던 제임스 맥헨리$^{James McHenry}$가 쓴 서문도 있는데, 서문에는 책력을 만들고 콜롬비아 특별구를 측량하는 데 도움을 준 배네커의 업적을 칭찬하고 있다. 영국에서는 하원의원들이 노예제도 반대 운동의 근거를 뒷받침하기 위해 미국 흑인의 놀라운 성과의 증거로 배네커의 1792년 책력의 복사본을 제시했다.

책력 제작 전문가

배네커는 책력이 성공을 거두자 담배 재배를 그만두고 전문적인 책력 제작자가 되었다. 엘리컷 형제들은 그의 농장을 연금 방식의 대출로 180파운드(당시 통화 단위)에 구입했다. 그들은 배네커가 죽을 때까지 그곳에 사는 것을 허락하고 해마다 12파운드씩을 그에게 주기로 했다. 그리고 연말에 그에게 빚진 금액의 일부를 지불했다. 이처럼 매년 일정한 수입과 책력을 판매하여 생긴 이익 덕택에 배네커는 농장에서 일하지 않고 밤에 천문학 관찰을 하며 살 수 있었다.

배네커가 만든 1793년 책력은 처음 제작한 것보다 훨씬 더 성공적이었다. 필라델피아의 크러크생크는 《*Banneker's Almanack, and Ephemeris For the Year of our Lord*, 1793(배네커의 책력, 그리고 1793년 천문력)》이란 제목으로 출간했다. 볼티모어의 고더드와 에인절은 약간 다른 버전으로 《*Benjamin Banneker's Pennsylvania, Maryland and Virginia Almanack and Ephemeris For the Year of our Lord*, 1793(배네커의 펜실베이니아, 메릴랜드, 버지니아 책력과 1793년 천문력)》이란 제목으로 출간했다.

두 경우 모두 출간된 책력에는 배네커의 천문학 계산과 더불어 그가 국무장관 제퍼슨에게 쓴 편지와 제퍼슨의 답장이 실려 있다. 또한 크러크생크가 출간한 것에는 독립선언문의 서명자 중 한 사람이었던 퀘이커 교도인 의사 벤자민 러시Benjamin Rush가 쓴 'A Plan of a Peace Office for the United States(미국을 위한 평화 사무실 계획)'란 제목의 편지도 실려 있는데, 이 편지에서 그는 대통령의 내각에 평화 사무실을 개설해야 한다고 주장했다. 배네커의 책력은 이 세 개의 편지를 포함시킴으로써 그해에 가장 중요한 출간물 중 하나가 되었고, 사회 각계각층에서 폭넓게 논의되었기 때문에 같은 해에 출간된 앤드류 에리컷의 책력보다 더 많이 팔렸으며 재판을 인쇄해야만 했다.

1792년부터 1797년까지, 뉴저지, 델라웨어, 메릴랜드, 펜실베이니아, 버지니아의 7개 도시에 있는 12명의 인쇄업자들은 배네커의 책력을 28판까지 출간했다. 가장 판매율이 좋았던 1795년 책력의 14판 중 5판은 그의 인종을 알리는 데 중요한 역할을 했다. 트렌

턴, 뉴저지에서 마티아스 데이^{Matthias Day}에 의해 출판된 책 제목에는 'The Astronomical Calculations by Benjamin Banneker, An African(흑인인 벤자민 배네커에 의한 천문학적인 계산)'이란 문구가 포함되어 있었다. 볼티모어의 출판업자 존 피셔^{John Fisher}, 필라델피아의 윌리엄 기븐스^{William Gibbons}, 필라델피아의 야곱 존슨^{Jacob Johnson}, 윌밍턴, 델라웨어의 존 아담스^{John Adams}는 겉표지에 배네커의 사진을 크게 넣어 책력을 인쇄했다. 배네커의 실제 인물 사진은 아니었지만, 지적

이고 위엄 있는 미국 흑인을 묘사한 판화를 사용하는 것은 출판업자들이 미국 흑인 작가가 쓴 책의 판매를 늘리기 위해 초기에 사용하던 방법이었다.

1797년 즈음, 노예제도 폐지 운동은 그 힘을 잃었고 미국의 정치 지도자들 또한 국가의 다른 문제에 관심을 돌렸다. 배네커는 1802년까지 책력을 위한 계산을 계속했지만 노예제도 반대를 주장하는 단체들의 지지가 없어지자 더 이

배네커의 1795년 책력의 여러 개정판에는 표지에 그의 인물 사진이 실려 있다(The Granger Collection).

상 책력을 출간할 수 없었다. 그는 천문학적인 계산을 정확히 해내는 것으로 명성을 얻었지만, 인쇄업자들은 더 이상 대중이 미국 흑인에 의해 만들어진 책력에 관심을 갖지 않는다는 것을 알았다.

배네커는 그의 75번째 생일이 몇 달 남지 않은 1806년 10월 9일, 그의 농장에서 세상을 떠났다. 그의 여동생들과 조카들은 그의 유언대로 조지 엘리컷이 그에게 빌려 주었던 망원경과 책, 그리고 천문학 도구들을 돌려 주었다. 장례식 날 그의 통나무 오두막집에는 화재가 일어났는데, 이때 그들은 배네커의 천문학적인 계산과 수학 퍼즐이 담긴 공책들은 불길에서 건졌지만 그의 수학에 대한 능력을 최초로 보여 주었던 나무 시계는 가져오지 못했다.

미국 흑인의 지적 능력과 가능성의 본보기

배네커가 죽은 후 2세기 동안, 그는 수많은 책과 잡지, 그리고 영화에서 지적인 미국 흑인의 표본으로 등장했다. 1863년 《애틀랜틱 먼슬리_Atlantic Monthly_》에 실린 몬큐어 콘웨이_Moncure Conway_의 논설 'Benjamin Banneker, The Negro Astronomer(벤자민 배네커, 흑인 천문학자)'는 그 대표적인 예로, 작은 책자로 재판되어 미국 남북 전쟁 동안 노예제도 반대 운동을 옹호하는 미국의 북부 지역과 영국에 널리 배포되었다. 배네커의 전기 중에는 조지 엘리컷의 딸인 마사 타이슨_Matha Tyson_에 의해 씌어진 것도 있었다. 그 책의 제목은 《_A Sketch of the Life of Benjamin Banneker; From Notes Taken in_ 1836(벤자민 배네커의 인생 스케치)》로, 그녀의 조카는 이 책을 1854년에 메릴랜드 역사 협회에 기증했고 다시 그녀의 딸은 1884년에 책으로 출간했다.

전미 수학 교사 협회National Council of Teachers of Mathematics, 미국 흑인의 삶과 역사를 연구하는 협회Association for the Study of Afro American Life and History, 시계 수집가 협회National Association of Watch and Clock Collectors 를 포함한 많은 전문 협회에서는 배네커의 삶과 흥미로운 사건들을 다룬 이야기를 책으로 출간했다.

수학, 천문학, 측량, 시계 제작, 민권에서 이룬 배네커의 업적을 기리기 위해 여러 사람들이 모여 단체를 형성하고 협회를 창립했다. 1853년, 펜실베니아에서는 젊은 미국 흑인들에게 매달 강의와 토론을 통해 더 나은 교육의 기회를 제공하는 배네커 협회가 창설되었다. 볼티모어의 벤자민 배네커 경제 정의 센터, 미시건 주의 이스트랜싱의 벤자민 배네커 협회, 메릴랜드 주의 아나폴리스의 배네커-더글라스 박물관과 같은 그의 이름을 딴 수많은 학교와 학회, 그리고 단체들은 그의 모범적인 삶을 공식적으로 인정하고 있다. 1985년 볼티모어주에서는 그의 농장의 대부분을 구입하여 그곳을 역사적인 장소로 남도록 하기 위해 벤자민 배네커 공원과 박물관을 지었다.

배네커의 업적과 유품들은 최근 국가적인 명예를 얻었다. 1980년, 미국 체신부는 워싱턴의 경계를 측량하는 배네커를 묘사한 기념 우표를 발행했다. 1996년에는 그의 이름이 앤드류 엘리컷, 데이비드 리텐하우스, 조지 워싱턴, 토마스 제퍼슨과 나란히 측량사 명예의 전당에 올랐다. 그리고 1998년 클린턴 대통령은 워싱턴에 배네커의 기념비를 세우는 법률 제정을 승인했다.

결론

식민지 시대의 미국에서 담배 농사를 짓던 57세의 배네커는 천문학과 관련된 수학적 원리를 독학으로 깨우쳐 아마추어 수학자가 되었다. 그는 콜롬비아 특별구의 경계를 결정하는 측량 팀의 팀원으로서 정확한 측정과 정밀한 계산을 했다. 그리고 12년 동안 중부 대서양 지역의 연간 책력을 만들기 위해 행성, 달, 태양의 위치를 알아내는 수많은 계산을 정확하게 해냈다. 독학으로 공부한 미국 흑인으로서 열악한 조건들을 딛고 이룬 그의 업적은 국제적으로 그를 노예제도 반대 운동 역사상 중요한 인물로 인식시켰다.

이미지 저작권